卓越幼师培养系列

婴幼儿照护

◎主 编 白 慧

電子工業出版社·

Publishing House of Electronics Industry

北京·BEIJING

内 容 简 介

本书系统介绍了关于婴幼儿照护的相关知识，旨在培养学生"医养教"融合的能力结构、"理实一体"的能力体系、"多场景适应"的工作能力和问题解决及综合创新能力。本书突出工作场景的职业特色并强调操作性，分为五个项目，分别是婴幼儿生活照护、婴幼儿安全照护、婴幼儿日常保健、婴幼儿早期发展与指导和婴幼儿家托共育指导。

本书可作为婴幼儿托育专业高职学生的教材，也可作为相关从业人员的自学用书。

图书在版编目（CIP）数据

婴幼儿照护 / 白慧主编. -- 北京：电子工业出版
社, 2024. 12. -- ISBN 978-7-121-49306-5

Ⅰ. TS976.31

中国国家版本馆 CIP 数据核字第 2024PC7405 号

责任编辑：李书乐
印　　刷：三河市华成印务有限公司
装　　订：三河市华成印务有限公司
出版发行：电子工业出版社
　　　　　北京市海淀区万寿路 173 信箱　邮编　100036
开　　本：787×1 092　1/16　印张：12.75　字数：326.4 千字
版　　次：2024 年 12 月第 1 版
印　　次：2024 年 12 月第 1 次印刷
定　　价：42.50 元

前　言

　　党的二十大报告提出，"统筹职业教育、高等教育、继续教育协同创新，推进职普融通、产教融合、科教融汇，优化职业教育类型定位。"产教融合是现代职业教育的基本特征，也是提高高职院校人才培养质量的重要抓手。当前我国经济社会的发展与人口结构的变化，对婴幼儿照护行业的人才培养提出了新的要求。编者所在学校系统规划了婴幼儿托育专业的课程体系，并将"婴幼儿照护"作为该专业的核心课程之一，同时该课程也在学前教育专业和早期教育专业开设。依据《幼儿照护职业技能等级标准》《母婴护理职业技能等级标准》，在分析婴幼儿托育专业用人需求和从业人员应具备的知识和技能的基础上，将工作任务及职业能力要求转换成本书的相应内容。

　　本书主要内容由婴幼儿生活照护、婴幼儿安全照护、婴幼儿日常保健、婴幼儿早期发展与指导和婴幼儿家托共育指导五大项目构成。通过学习和训练，要求学生不仅能够整合不同的内容将其内化成为自身可输出的能力表现，还能根据真实照护场景的变化迁移性地应用所学。

　　本书以崭新的教学理念为核心，打破了传统教材的常规界限，采用了一种生动且实用的"项目式"编写模式，巧妙地将实际工作场景中的岗位任务拆解为多个独立且相互关联的项目，每个项目都精心配置了所需的知识点和技能点，主要包括情境导入、任务学习、实训卡片、跟踪练习和项目小结等。同时将幼儿园、早教机构、托育园所等的用人需求融入本书，突出本书的实用性。

　　本书由福建省社会科学普及出版资助项目"婴幼儿家庭照护实用手册"主持人、闽江师范高等专科学校 1+X 幼儿照护项目负责人白慧主编。由于编者能力有限，本书在层次结构及内容上还有诸多不足，敬请各位读者批评指正。

编者

2024.6

目　录

项目一　婴幼儿生活照护 ……………………………………………………………… 1

 任务一　婴幼儿喂哺照护 ……………………………………………………… 2

  第一节　母乳喂养及人工喂养 ………………………………………………… 2

  第二节　辅食制作 …………………………………………………………… 11

  第三节　进食指导与日常观察 ………………………………………………… 15

 任务二　婴幼儿盥洗照护 …………………………………………………………… 29

  第一节　日常清洁 …………………………………………………………… 29

  第二节　大小便观察与照护 ………………………………………………… 37

  第三节　婴幼儿睡眠照护 …………………………………………………… 48

  【跟踪练习】………………………………………………………………… 55

  【项目小结】………………………………………………………………… 56

项目二　婴幼儿安全照护 ……………………………………………………………… 57

 任务一　传染病预防与急症处理 ……………………………………………… 58

  第一节　传染病概述与预防重点 ……………………………………………… 58

  第二节　常见疾病识别与护理 ………………………………………………… 73

 任务二　意外伤害事故应急处理与预防 ……………………………………… 85

  第一节　常见伤害的应急处理方法 …………………………………………… 86

  第二节　意外事故急救知识与技能 …………………………………………… 90

 任务三　常见突发事件的应对措施与处理方法 ……………………………… 102

  第一节　火灾、地震、水灾等自然灾害的应对措施 ………………………… 102

  第二节　家庭常见紧急情况的处理方法 …………………………………… 107

  【跟踪练习】………………………………………………………………… 110

  【项目小结】………………………………………………………………… 110

项目三　婴幼儿日常保健 …………………………………………………………… 111

 任务一　婴幼儿健康检查与生长发育监测 …………………………………… 111

  第一节　婴幼儿的生长发育 ………………………………………………… 112

  第二节　婴幼儿生长发育评价的常用指标 ………………………………… 117

任务二　婴幼儿的卫生保健 ………………………………………………… 121

第一节　婴幼儿用品的清洁与消毒 ……………………………………… 121

第二节　婴幼儿的卫生保健方法 ………………………………………… 125

任务三　婴幼儿心理保健与行为问题指导 ………………………………… 131

第一节　婴幼儿常见心理问题的识别与处理 …………………………… 131

第二节　婴幼儿行为问题的纠正方法与实践 …………………………… 134

【跟踪练习】 ……………………………………………………………… 138

【项目小结】 ……………………………………………………………… 139

项目四　婴幼儿早期发展与指导 …………………………………………… 140

任务一　婴幼儿动作发展训练与指导 ……………………………………… 141

第一节　大动作的发展训练与指导 ……………………………………… 141

第二节　精细动作的发展训练与指导 …………………………………… 149

第三节　婴幼儿精细动作发展活动设计与组织 ………………………… 153

任务二　婴幼儿语言发展水平的提高策略 ………………………………… 155

第一节　不同年龄段婴幼儿语言发展的水平 …………………………… 155

第二节　婴幼儿语言发展活动设计与组织 ……………………………… 158

任务三　婴幼儿认知能力的发展与指导 …………………………………… 160

第一节　婴幼儿认知能力发展的一般规律 ……………………………… 160

第二节　婴幼儿认知能力发展活动设计与指导 ………………………… 164

任务四　婴幼儿社会性发展与指导 ………………………………………… 165

第一节　婴幼儿社会性发展的特点 ……………………………………… 166

第二节　尊重与回应性照护婴幼儿的情绪 ……………………………… 169

第三节　婴幼儿社会性发展活动设计与指导 …………………………… 175

任务五　其他活动设计与指导 ……………………………………………… 176

第一节　亲子活动的设计与指导 ………………………………………… 176

第二节　区域活动的设计与指导 ………………………………………… 179

【跟踪练习】 ……………………………………………………………… 181

【项目小结】 ……………………………………………………………… 182

项目五　婴幼儿家托共育指导 ……………………………………………… 183

任务一　家托共育概述 ……………………………………………………… 184

第一节　家托共育的意义和内容 ………………………………………… 184

第二节　家托共育的典型案例 …………………………………………… 187

任务二　家托共育指导方案设计及实施 …………………………………… 190

【跟踪练习】 ……………………………………………………………… 197

【项目小结】 ……………………………………………………………… 198

项目一　婴幼儿生活照护

【课前预习】

查阅资料，了解不同年龄段婴幼儿的饮水量，思考作为照护者应该如何指导婴幼儿用水杯饮水。

【知识导航】

【素质目标】

（1）树立科学喂养观念，关注婴幼儿的身体健康；
（2）培养全面保育意识，重视婴幼儿的日常护理工作。

【学习目标】

（1）掌握婴幼儿生活照护的基本知识和技能；
（2）了解不同年龄段婴幼儿的身心发展特点和需求；
（3）掌握婴幼儿生活照护常见问题的预防和处理方法。

【技能目标】

（1）能够进行基本的日常照护工作；
（2）能够根据婴幼儿的成长需要采取合适的照护措施；
（3）具备较强的卫生和安全意识，能够预防和处理常见问题，保障婴幼儿的健康和安全。

任务一　婴幼儿喂哺照护

【情境导入】

在一个阳光明媚的早晨，李妈妈发现她刚出生不久的儿子小宝在喝奶时总是哭闹，而且每次喝得很少。她尝试了不同的喂奶姿势，但情况依然没有改善。李妈妈担心小宝是否生病了。

问题：

（1）李妈妈应该如何判断小宝是否生病？

（2）如果小宝没有生病，那么他喝奶时哭闹的可能原因是什么？

（3）李妈妈应该如何调整喂奶姿势，以使小宝能够舒适地喝奶？

【任务学习】

第一节　母乳喂养及人工喂养

一、母乳喂养及人工喂养

（一）母乳喂养的好处

1. 营养丰富

母乳营养丰富，含有 2000 多种营养成分，适合婴儿食用。

2. 预防疾病

母乳中的乳铁蛋白不仅可以为婴儿生长提供所需要的养分，还可以起到抗菌和抗病毒的作用，因此母乳喂养的婴儿抵抗力较强。并且对于母亲来说，母乳喂养可以减轻乳腺肿胀，促进子宫恢复，降低患乳腺癌、卵巢癌的风险。

（二）母乳喂养的姿势指导

母乳喂养具有天然的优势，很多母亲无法实现纯母乳喂养，可能是没有掌握正确的哺乳技巧。以下是常用的母乳喂养姿势。

1. 侧卧哺乳法

1）准备

首先，侧卧在床上或舒适的沙发上，为了防止压伤手臂或手腕，可以将手臂放在头部上方。其次，将一个枕头或折叠的毛巾放在背部下方，使背部得到一定高度的支撑。最后，将婴儿放在身体前方，使其头部与母亲的胸部相对。婴儿的鼻子应正对母亲的乳头，以使其可以舒适地含接乳头。

2）哺乳

用左臂将婴儿的背部轻轻抱住，让其紧贴身体。婴儿的头应侧向一边，嘴部应放在正确的位置，即乳头的 2/3 处。

可以让右手呈 C 形（大拇指在上，其他 4 指在下）对乳房进行揉搓，从而协助乳汁分泌，帮助婴儿吃奶。

3）结束哺乳

哺乳结束时应慢慢地将婴儿的身体移开，切勿突然移开，以免造成婴儿的不适。然后将婴儿轻轻地放在旁边，让其保持侧卧姿势，以免溢奶或呛奶造成窒息。

2. 橄榄球抱姿哺乳法

1）准备

半卧在床上或沙发上，找到一个舒服的姿势。

2）哺乳

一只手臂抱着婴儿，用肘部将其头部轻轻托起，并且在其头部下方垫一个枕头，使其头部微微抬起，挨近乳房；然后让另一只手呈 C 形托住乳房，这样婴儿在吃奶的过程中会比较省力而且不会被呛到。

3）结束哺乳

哺乳结束时应慢慢地将婴儿的身体移开。移开时必须托住婴儿的头颈部和臀部，以防其跌落。

3. 摇篮式哺乳法

将婴儿横抱在腿上，让其头部靠在哺乳乳房侧的手臂内侧，另一只手轻轻托住乳房，以便婴儿吮吸。建议在婴儿身下垫一个软垫子，这样婴儿可以更轻松地吮吸。这种姿势只需露出一侧乳房，适合母亲带婴儿外出时采用。

（三）人工喂养

随着科技的发展和社会的进步，人们的生活方式在不断变化，喂养婴儿的方式也不例外。当母乳喂养无法实现或不足以满足婴儿的需求时，人工喂养便是理想的选择，如当母亲患有严重疾病或因工作和旅行等无法持续进行母乳喂养时，人工喂养能够为婴儿提供足够的营养。此外，对于早产儿和体质量过轻或有特殊健康需求的婴儿，医生也会建议进行人工喂养。

1. 操作步骤

1）准备用品

准备奶瓶、配方奶、温水、干净的毛巾和盆子等用品（见图 1-1-1）。

2）消毒

在喂奶前，必须将奶瓶、奶嘴、奶垫等清洗干净，并煮沸消毒，以避免细菌污染。消毒时必须将所有部件都浸泡在沸水中，包括奶瓶内部。

3）喂奶

喂奶时，需根据婴儿的月龄和体质量决定奶量和奶的浓度。一般来说，人工喂养的婴儿每天需喝 6～8 次奶，每次的奶量也需随着婴儿的生长而逐步增加。喂奶时，应将奶瓶倾斜一定的角度（见图 1-1-2），以便让婴儿顺利喝到奶。

2. 注意事项

（1）防止呛奶。喂奶时应让婴儿的身体保持倾斜，并注意其吮吸情况。如果婴儿喝得太快有呛奶的迹象，应立即停止喂奶并采取将婴儿口腔内的液体清理出、拍打婴儿后背等急救措施。

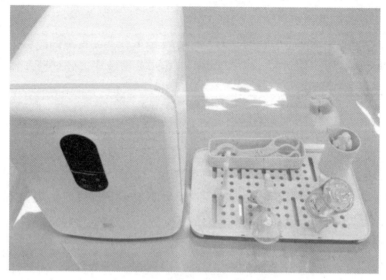

图 1-1-1

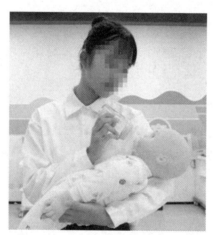

图 1-1-2

（2）保持奶瓶清洁。奶瓶是婴儿每天都用的物品，因此保持奶瓶清洁非常重要。每次喂奶后，必须将奶瓶清洗干净，包括奶嘴、奶垫等部件。清洗时需使用温水和专门的清洁剂，以免滋生细菌。

（3）注意奶粉的冲泡方式。冲泡奶粉时，应按照说明书上的指示正确操作。过浓或过稀都会对婴儿的肠胃造成负担，因此需特别注意奶粉和水的比例。此外，冲泡好的奶粉应该在 2 小时内喝完，以免因长时间放置而滋生细菌。

（4）注意观察婴儿的反应。如果婴儿出现腹泻、皮疹、发热等症状，可能是其对奶粉过敏或奶粉质量有问题，应该及时就医。

总之，人工喂养虽然不是最理想的喂养方式，但在特定情况下为喂养婴儿提供了一个可行的选择。只要按照正确的步骤操作，并注意有关事项，人工喂养的婴儿也能健康成长。

知识链接

冲泡奶粉虽然看似简单，但有很多需要注意的事项，具体如下。

（1）切勿先放奶粉后放水。正确的冲泡方式是先将定量的40℃～60℃的温水倒进玻璃奶瓶内，再按照说明书上的指示添加适量的奶粉。先加奶粉后加水的冲泡方式既无法保证奶粉和水的配比的精准性，还可能会导致奶粉溶解不均匀、形成结块，不利于婴儿的消化和生长发育。

（2）切勿用开水冲奶粉。冲奶粉的水温不宜过高，一般来说40℃～50℃的温水是最适宜的。过高的水温会造成奶粉中的乳清蛋白产生凝块，影响婴儿的消化吸收，同时还会破坏部分维生素和免疫活性物质。

（3）切勿自主提升奶粉的浓度。有些照护者为了让婴儿吃得"更有营养"，会尝试增加奶粉的浓度。但这种做法是错误的，因为高浓度的奶粉可能会增加婴儿的肠胃负担，导致其消化系统和神经系统紊乱，甚至会引发坏死性小肠结肠炎。

（4）切勿将冲泡好的奶粉再度烧开。冲泡好的奶粉如果再被烧开，会使蛋白质、维生素等营养元素的构造发生变化，进而破坏原来的营养成分。

总之，在冲泡奶粉时必须按照说明书上的指示正确操作，注意水温和奶粉浓度，以保证婴儿获得足够的营养。

二、拍嗝技巧与胀气护理

（一）拍嗝技巧

在照顾3月龄以下的婴儿，特别是新生儿的过程中，拍嗝是一项基本的护理技能。由于婴儿的消化系统尚未发育完全，经常会在吃奶后出现溢奶和胀气的情况，因此需要通过拍嗝帮助其缓解症状。

1. 拍嗝方法

1）斜抱法

将婴儿斜抱在胸前，面朝照护者（见图1-1-3），这个姿势有助于婴儿的胃部与食管排出空气，从而更易拍嗝。

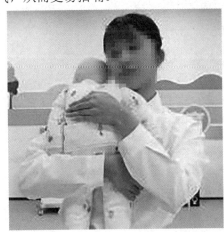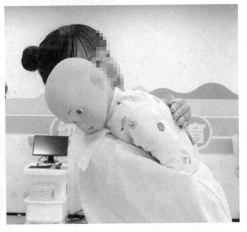

图1-1-3

2）侧拍法

使婴儿侧卧在照护者的大腿上，头部略低于身体。照护者用一只手固定婴儿的头和下颌，用另一只手轻拍其背部和臀部（见图1-1-4）。这种方法适用于3月龄以上的婴儿。

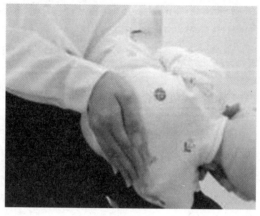

图 1-1-4

3）空心掌法

照护者将手握成空心掌（见图1-1-5），轻拍婴儿的背部。力度应适中，以婴儿能够接受的程度为准。

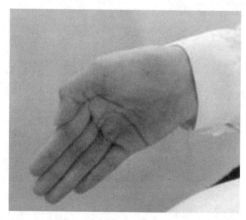

图 1-1-5

2. 注意事项

（1）应该在喂奶后让婴儿保持直立姿势一段时间，再拍嗝。

（2）拍嗝时力度应适中，避免过重或过轻。

（3）应根据婴儿的月龄和个体情况选择合适的拍嗝方法。

3. 常见误区和错误示范

1）必须听到打嗝声

实际上，即使没有听到明显的打嗝声，只要婴儿感到舒适，就说明拍嗝起到了作用。有时婴儿可能只是轻微打嗝，声音并不明显。如果婴儿没有出现不适症状，即使没有听到打嗝声也不必过于担心。

2）未采取保暖措施

拍嗝时照护者需要给婴儿采取保暖措施，特别是在冬季或室内温度较低的情况下，应尽量避免其受凉。为了防止婴儿受凉，照护者可以在其腹部覆盖一条毛巾或围巾来保暖。同时，照护者也应注意自己的手部温度，避免过凉或过热对婴儿造成影响。

3）揉背力度过大

在拍嗝的过程中，照护者要避免揉背力度过大。虽然揉背可以促进背部血液循环，但对于婴儿来说，揉背力度过大可能会对其身体造成伤害。如果在拍嗝过程中婴儿出现不适症状，应当适当调整拍嗝姿势和力度或暂停拍嗝。

（二）胀气护理

1. 婴儿胀气的原因

1）生理性原因

月龄小，肠胃功能发育不完善。

2）病理性原因

肠道畸形，患有先天性巨结肠、肠梗阻等。

3）其他原因

（1）喂奶的方式不对。进食过快、喂奶姿势不对、空吸奶瓶等会让婴儿吃进大量气体。

（2）奶嘴孔大小不合适。若奶瓶倒置时能规律滴落奶水，则表明孔的大小合适。孔太大容易吃下太多空气。

2. 婴儿胀气的表现

通常情况下主要表现为腹部部分或全部胀满，常伴有腹泻、哭闹不安、小脸涨红、腿向后撑直、连续放臭屁等现象。

病理情况下主要表现为精神萎靡、哭闹不止、厌食、腹部鼓胀且摸上去腹壁较硬，同时伴有呕吐频繁、呼吸急促、体质量减轻，甚至伴有发热等现象。

3. 缓解婴儿胀气的方法

（1）飞机抱。喂奶后 0.5～1 小时飞机抱 3～5 分钟，应让婴儿头部高于腿部。

（2）经常让婴儿趴着睡。照护者可以让婴儿趴在自己身上睡觉，且角度应倾斜（见图 1-1-6）。婴儿趴着时最好在其腹部垫个毛巾卷或排气枕，以增加腹压。

图 1-1-6

（3）热敷腹部。双手搓热后捂在婴儿的肚脐眼上及周边或用毛巾热敷。

（4）练习踩自行车。喂奶后 0.5～1 小时握住婴儿小腿左右交替，做蹬自行车的动作（见图 1-1-7）。

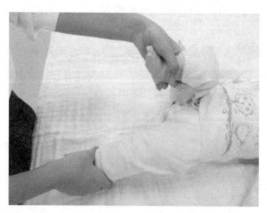

图 1-1-7

（5）喂奶后拍嗝。每次喂奶后竖着抱起婴儿，用手从下到上轻拍其背部（见图 1-1-8），嗝拍出后再将其放下。

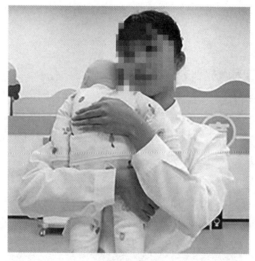

图 1-1-8

 知识链接

喂奶时的注意事项如下所述。

（1）避免吃进空气。避免在婴儿哭闹时喂奶，因为婴儿哭闹时容易吸入大量空气；避免等婴儿饿极了才喂奶，否则会因吃奶太过着急而吸入空气。

（2）按需喂养。避免为了安抚婴儿而不停地给其喂奶，而是应该学会识别其真正需要吃奶的信号，并根据信号适量喂奶。

（3）控制奶水流速。如果是母乳喂养，那么可以用剪刀手控制奶水流速；如果是人工喂养，那么应该按月龄选择合适的奶瓶和奶嘴，但应避免奶嘴孔过大；如果婴儿胀气严重，可以将奶泡成原来一半的浓度。

（4）合理喂养。应避免给吃配方奶的婴儿喂过凉的奶。而对于吃母乳的婴儿，其母亲应避免吃寒凉食物或容易胀气的食物。如图 1-1-9 所示是容易胀气的食物。

图 1-1-9

三、水杯饮水指导

水杯饮水指导

（一）婴幼儿可以用水杯饮水的信号

（1）6 月龄以上。

（2）能在餐椅上独立坐稳。

（3）用勺子喂水能够喝到。

（4）能够拿稳奶瓶。

（二）不同年龄段婴幼儿每日饮水量

（1）6～12 月龄：900 mL（奶量+辅食+水）。

（2）1～3 岁：1300 mL（奶量+辅食+水）。

（3）4～8 岁：1700 mL（水）。

（三）水杯的选择

1. 6～8 月龄婴儿（鸭嘴杯）

婴儿满 6 月龄时就可以开始用水杯喝水了。可以先尝试"一字口"形软嘴鸭嘴杯（见图 1-1-10），"一字口"的设计需要婴儿咬才能吸出水，因此可以控制出水量，防止呛咳。软嘴是用硅胶材料制成的，婴儿喝水时不会伤到牙床。待婴儿习惯软嘴鸭嘴杯后，可逐步过渡到硬嘴鸭嘴杯。硬嘴鸭嘴杯应选有阀门的，可以防止外漏。

2. 9～12 月龄婴儿（吸管杯）

大部分婴儿在 9～12 月龄时就可以使用吸管杯了。婴儿在用吸管杯喝水时，需要用力吮吸和抓握杯子，这样不但可以帮助婴儿养成多喝水的习惯，还可以提升其手眼协调能力。

图 1-1-10

刚开始可以先用"十字口"形吸管杯，因为"十字口"更容易控制水的流速，能防止婴儿因吮吸太猛而导致呛咳。在挑选吸管杯时，可以选择有杯带的，以方便携带。

3. 13～18 月龄幼儿（喢饮杯）

喢饮杯（见图 1-1-11）看似和敞口杯有点像，但是多了防侧翻漏液设计，这样幼儿在使用时不管怎么倾斜都不会漏液。在使用喢饮杯的过程中，幼儿通过不断调整杯子的倾斜角度练习喝水，更容易过渡到使用普通敞口杯。并且这样的吮吸方式可以促进幼儿的唇舌训练，帮助其锻炼口腔肌肉。

图 1-1-11

4. 19～24 月龄幼儿（敞口杯）

在幼儿熟练使用喢饮杯后，可以先让其学着使用有一定倾斜角度的斜口杯，以方便观察水位，防止其在倾斜水杯时被水呛到或将水洒到外面；待其熟练使用斜口杯后就可以和成人一样使用敞口杯了。

挑选敞口杯时应尽量选择底部较重矮胖型的杯子（见图 1-1-12）。这类杯子重心更低，可以放得更稳一些。另外可以优先考虑有把手的，方便幼儿抓握；切勿选择玻璃材质的，其易碎且碎渣容易划伤幼儿。另外，避免给幼儿选择窄口杯，因为这种杯子的杯口特别窄，喝水时水杯内的真空会让吸嘴收缩，很容易吸住幼儿的舌头。一旦舌头被卡住，静脉回流受阻，舌头会越肿越大和越卡越紧，甚至有窒息的危险。

图 1-1-12

第二节　辅食制作

一、辅食添加的原则

事实上，辅食添加应循序渐进，这个过程与婴幼儿的口腔发育规律相契合，但容易被忽视。为此，中国营养保健食品协会婴幼儿辅食专委会编写了一份《中国婴幼儿"探索进阶式喂养"指南》，以创新的方式提出了以口腔发育规律指导辅食添加的科学喂养法。

《中国婴幼儿"探索进阶式喂养"指南》明确指出，婴幼儿口腔运动功能的发育和食物探索是相互促进的，遵循吞、磨、嚼口腔发育规律。照护者应根据婴幼儿口腔发育的特点采取不同的喂养方式，帮助婴幼儿健康成长。

（一）吞咽期（6 月龄）

婴儿满 6 月龄也就是出生 180 天后，就可以考虑为其添加辅食了，这是婴儿饮食上的第 1 个转折点。此时大部分婴儿的牙齿刚刚萌出，还不足以把固体食物咬碎，因此这个年龄段的婴儿称为吞咽期婴儿。针对这个月龄婴儿的口腔发育特点和身心发育特点，《中国婴幼儿"探索进阶式喂养"指南》给出了科学的喂养建议，详见表 1-1-1。

表 1-1-1　吞咽期婴儿发育特点及喂养建议

	吞咽期（6 月龄）	喂养建议
口腔发育特点	√牙齿：乳牙开始萌出； √舌头：可以上下移动碾碎和收集食物，送至口腔后端； √味觉：敏感，容易接受新口味； √颌部：下颌可以熟练完成抬高动作	（1）刚开始添加辅食，宝宝还处于适应阶段，可以先喂母乳，半饱后再喂辅食。 （2）先尝试每天吃 1 顿辅食。 （3）在吃米粉 1～2 周后，如果婴儿在食物接受上没有出现异常（腹泻、湿疹），就可以考虑逐步添加菜泥、果泥、肉泥了
身心发育特点	√肠胃功能：消化能力显著提升； √大动作：可以抬头和翻身，以及靠双手支撑独坐片刻； √精细动作：会捏、敲、单（双）手持物并摇晃、双手传递物品等； √心理发育：看和抓的欲望提高，自我意识增强	
营养重点	特别注意铁的补充	

来源：《中国婴幼儿"探索进阶式喂养"指南》。

（二）碾磨期（7～9 月龄）

随着婴儿牙齿、舌头及颌部的进一步发育，婴儿逐渐可以用牙龈慢慢碾磨食物了。所以辅食的性状也应"与时俱进"，即可以添加细颗粒状的食物，以帮助婴儿更好地锻炼碾磨能力（见表 1-1-2）。

表 1-1-2　碾磨期婴儿发育特点及喂养建议

	碾磨期（7～9 月龄）	喂养建议
口腔发育特点	√牙齿：萌出第 1 颗乳牙； √舌头：在上下运动的基础上开始学会左右运动（偏侧性）； √颌部：下颌可以完成对角旋转动作	（1）从泥糊状向细颗粒状食物过渡。这一时期婴儿的咀嚼能力增强，食物的性状也应随之改变。 （2）适当添加零食。为了发展婴儿的手部精细动作，让其手指更加灵活，可以适当给婴儿加一些小零食，如溶豆和小馒头等，让其自主进食，从而提升其手眼协调能力。 （3）每天补充维生素 D。维生素 D 可以促进钙的吸收，无论是母乳喂养还是配方奶喂养，婴儿都需要每天补充维生素 D
身心发育特点	√大动作：可以独坐和连续翻身，开始尝试爬行； √精细动作：会用手指抓食物并放入口中； √嗅觉发育：开始学习辨别气味	
营养重点	除了补铁，还应注意蛋白质、锌和维生素 A 的摄入	

来源：《中国婴幼儿"探索进阶式喂养"指南》。

（三）咀嚼期（10～12 月龄）

这一时期婴儿的舌头更灵活了，能在口腔内对食物进行一定的"搅拌"。对于较硬的食物，也能分泌更多唾液软化它。辅食质地可以比前期稍粗糙一点，可适当增大食物的体积和稠度，但仍然应以碎食物为主（见表 1-1-3）。

表 1-1-3　咀嚼期婴儿发育特点及喂养建议

	咀嚼期（10～12 月龄）	喂养建议
口腔发育特点	√牙齿：大部分婴儿已萌出 6～8 颗乳牙； √舌头：可以在口腔内灵活地对食物进行"搅拌"； √颌部：可以上下左右灵活运动	（1）在继续扩大食物种类的同时，增加食物的稠度和粗糙度，并可以尝试喂块状的食物。 （2）乳牙可以帮助婴儿啃咬食物，牙床也可以帮助其磨碎较软的小颗粒食物，因此可以尝试喂其颗粒状食物。 （3）鼓励婴儿自己进食，可以先让其尝试香蕉和土豆等比较软的手抓食物。 （4）应每天保持 600 毫升的奶量、1 个鸡蛋及 50 克肉类，其他谷物、蔬菜、水果的量应根据婴儿的需要而定
身心发育特点	√肠胃功能：进一步完善； √大动作：可以短时间独自站立和扶物行走； √精细动作：开始用食指指物，以及会联合使用拇指和食指抓握物品； √心理发育：逐渐听懂语言指令	

来源：《中国婴幼儿"探索进阶式喂养"指南》。

二、辅食添加攻略

（一）辅食喂养

辅食喂养的阶段是指母乳或配方奶粉喂养不足以满足婴幼儿的营养需求，还需要其他食物做补充的阶段。辅食喂养的年龄段是 6～24 月龄。

注意：切勿给 4 月龄以下的婴儿吃除奶外的食物，因为婴儿过早吃固体食物容易引起食物过敏。

（二）辅食添加

从吃奶到添加辅食需要经过以下两个转变过程。

（1）进食方式的转变。过程为：吃母乳或配方奶粉→照护者用羹匙喂和自己用手抓→学会使用杯子→自己拿餐具与家人一同进食。

（2）食物质感的转变。过程为：糊状食物→较黏稠易捣碎的食物或柔软易剁碎的食物→

小块状的食物。

婴幼儿可以在这两个过程中学习咀嚼、接受不同的味道、发展自己的进食技能、培养与家人一同进食的习惯、建立与家人的联系等。

（三）辅食添加攻略

1. 判断是否可以添加辅食的信号

当宝宝有以下表现时，可以尝试为其添加辅食。

（1）活动能力。能靠着椅背坐立，能抬头，能伸手抓物。

（2）进食表现。对食物感兴趣，见到勺子便张口，嘴唇能合起来含着勺子，能闭上嘴巴吞咽食物。

注意：宝宝生长发育快慢虽各不相同，但将近 6 月龄时，大部分都会有上述表现。当宝宝 7 月龄仍未有上述表现时，照护者应请教专业人员。

2. 刚开始可以吃的食物

1）容易制成糊状的食物

一般来说，可以从成人吃的食物中选择容易制成糊状的食物，如谷物、瓜菜、水果、肉鱼蛋等（见图 1-1-13）。食物的加入没有特定的次序，照护者可以先让宝宝尝试加铁的米糊，几天后再让其尝试加入肉泥、蔬菜或水果泥的米糊。越早让宝宝尝试蔬菜和水果的天然味道，越容易让其接受不同种类的蔬果。

 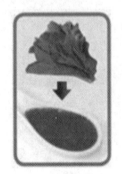  

图 1-1-13

2）含铁丰富的食物

含铁丰富且易被吸收的食物主要为动物性食物，如肝脏、血、瘦肉、鱼肉等。植物性食物中含铁量较高的有黑木耳、海带、芝麻等。

婴幼儿正处在生长发育阶段，血液量增加较多，对铁的需要量也相对较多。根据《中国居民膳食指南（2022）》，婴幼儿每日膳食中铁的供给量应为 10 mg。

婴幼儿体内铁含量过低容易发生缺铁性贫血，表现为肤色苍白、身体乏力。贫血会影响婴幼儿的生长发育和智力发育。

3. 辅食制作方法

照护人员可以利用研磨机、滤网等工具制作糊状食物给婴幼儿食用。

辅食的具体制作方法可以参考表 1-1-4。

表 1-1-4　辅食制作步骤表

选用的食物	制作方法	食物泥
米粥、煮熟的猪肝或菜叶	用研磨机磨碎后用滤网过滤	
瓜类	先刨丝，后煮软，再捣烂	
水果	用勺子刮成泥，如果颗粒较大可用滤网过滤	
煮熟的蛋黄	压碎蛋黄，加入少量温水调成糊状	

4. 餐前准备

宝宝的餐前准备包括清洁手、围上围嘴、坐在餐椅上等。同时照护者可以给宝宝唱固定的餐前儿歌，让其知道快到进食时间了。

5. 喂宝宝辅食的方法

喂奶前 30 分钟可以添加一些辅食，每天 1 次，每次 1～2 勺。如果宝宝情绪不好，就不喂。如果最初喂辅食时宝宝抗拒，说明其还没有准备好，可以等 1 周左右再尝试。

具体方法：

（1）做好餐前准备，让宝宝坐好。

（2）让宝宝看见勺子里的食物。

（3）宝宝张嘴后，把勺子平放入其口内。

（4）宝宝合上嘴后，从水平方向取出勺子，切勿把食物倒入其口内。

照护者需注意：

（1）若宝宝的舌头总是顶着勺子或把食物吐出来，则表示其还不能吃固体食物，照护者可以 1 周后再尝试。

（2）宝宝刚开始吃固体食物时，嘴角可能会漏出食物，待其熟练吞咽后，情况会有所改善。

6. 识别宝宝饱饿信号的方法

其实宝宝天生懂得分辨自己的饱与饿，因此吃多少应由宝宝主导。大部分宝宝在 15～30 分钟内就可以吃饱。宝宝会以如表 1-1-5 所示的各种行为来表示"我饿了"和"我吃饱了"。

表 1-1-5　宝宝发出的饱饿信号

信号	"我饿了"	"我吃饱了"
	（1）看到食物很激动； （2）将头靠近食物和勺子； （3）身体俯向食物； （4）太饿时会吵闹、啼哭	（1）不再专心进食； （2）吃得越来越慢； （3）避开勺子； （4）紧闭嘴唇； （5）吐出食物

宝宝的生长必须有足够的营养，但吃得多不一定就好。因为胎儿期间的发育状况，特别是遗传基因对宝宝生长有着重要的影响，喂得过量，容易导致肥胖和其他健康问题。所以应注意以下几点：

（1）宝宝的身体有内在的自我调节能力，会按生长的需要来调节食量，以得到恰到好处的养分；

（2）出生后首 3 个月，宝宝处于快速生长期，食量也会快速增加；

（3）快速生长期过后，不再需要太多养分，食量便会减少，有时甚至不愿进食，但依旧活泼好动，这些都是正常情况。

7. 1 岁前不可以给宝宝进食的食物

（1）含糖多的食物、咖啡、茶、能量饮品、汽水等；

（2）甲基汞含量高的鱼；

（3）没煮熟的食物或没有经过消毒的食物；

（4）容易让宝宝噎住的食物，如玉米、瓜子、花生、糖果等；

（5）调味品。

幼儿进餐照护

8. 必须注意的食物过敏现象

5%的婴幼儿会出现食物过敏现象，容易引起过敏的食物有牛奶和乳制品、蛋、花生、鱼、甲壳类海产品、果仁、小麦、豆制品、燕窝等。这些食物在添加时照护者必须特别注意。

第三节　进食指导与日常观察

进食是日常生活中必不可少的一部分，它不仅是满足营养需求的方式，也是培养良好饮食习惯和生活方式的途径。

一、营养学基础

人体所需要的各种营养素主要包括蛋白质、脂类、碳水化合物、维生素、无机盐、水等 6 大类。

（一）蛋白质

蛋白质是 3 大产热营养素之一，也是构成生命体的重要物质基础。

1. 蛋白质的营养价值

一般来说，动物性食物中的蛋白质中所含人体必需氨基酸的种类比较齐全，构成比例也与人体蛋白质的组成相似，容易被人体吸收，具有较高的营养价值；植物性食物中，大豆及其制品中蛋白质的营养价值接近肉类，且含量高，因此总的营养价值也比较高。动物蛋白质和大豆蛋白质通常称为优质蛋白质，也称为完全蛋白质。我国人民的主食是谷类食物，但谷类食物中所含的必需氨基酸不够齐全，营养价值比较低。若把谷类食物和豆类食物混合食用，豆类食物中的氨基酸可以补充谷类食物的不足，以使蛋白质的营养价值提高，这在营养学上称为蛋白质的互补作用（见表 1-1-6）。

表 1-1-6　几种食物混合食用前后的蛋白质生物学价值

食物名称	生物学价值/%	
	单独食用	混合食用
玉米	60	
小米	57	77
大豆	64	
玉米	60	
小麦	67	70
大豆	64	
豆腐	65	
面筋	67	77
小麦	67	
小米	57	89
牛肉	69	
大豆	64	

2. 蛋白质的生理功能

（1）构成和修复机体组织。蛋白质是构成人体细胞组织的重要物质，其在人体内的含量仅次于水，约占成人体质量的 20%。人体细胞的不断更新、旧组织的修复都需要蛋白质。

（2）调节生理功能。蛋白质是构成抗体、激素和酶等物质的基本原料，还可以促进人体对某些无机盐和维生素的吸收和利用，以及调节细胞内外液的渗透压和体液酸碱平衡等。

（3）供给热能。蛋白质不是人体热能的主要来源，只有人体在长期饥饿的情况下才会分解蛋白质为机体提供热能。

（4）增强机体的抵抗力。抗体是由蛋白质组成的，蛋白质是机体产生抵抗力必需的营养素。

3. 蛋白质的食物来源与每日推荐摄入量

瘦肉、鱼、奶、蛋等 4 类食物是人体动物性蛋白质的主要来源，豆类、坚果类和谷类食物是人体植物性蛋白质的主要来源。如表 1-1-7 所示是 3～7 岁儿童每日膳食中蛋白质的推荐摄入量。

表 1-1-7　3～7 岁儿童每日膳食中蛋白质的推荐摄入量

年龄/岁	3～4	4～5	5～6	6～7
推荐量/（g·d⁻¹）	45	50	55	55

（二）脂类

脂类是脂肪和类脂的总称，是一类不溶于水但易溶于有机溶剂的物质。脂肪是甘油和脂肪酸的化合物，类脂是固醇、磷脂和糖脂等化合物的总称。

1. 脂类的生理功能

（1）构成人体组织与细胞。脂肪是人体的重要组成部分，是神经组织、大脑、心脏、肝、肾等的组成物质。人体细胞膜是双层脂质膜，其组成成分为磷脂、糖脂、固醇等，均属于脂类中的类脂。

（2）供给热能。脂类是一类富含热量的营养素。人体内的脂肪是热能的储存仓库，饥饿时机体首先消耗脂肪，以避免消耗蛋白质。

（3）保护机体。脂肪层犹如软垫，可以减少机体器官之间的相互摩擦，并保护和固定机体器官。另外，脂肪不易传热，犹如保温层，可以减少体内热量的散失，保持体温恒定。

（4）增进食欲。烹调食物时，脂肪可以增加食物的香味，增进食欲。

（5）促进脂溶性维生素的吸收。食物中的脂溶性维生素（维生素 A、维生素 D、维生素 E、维生素 K）可溶于食物脂肪中，并随同脂肪在肠道中被吸收。

（6）提供人体必需脂肪酸。必需脂肪酸是人体磷脂的重要组成部分，缺乏必需脂肪酸会影响婴幼儿的生长发育，但摄入过多也会使其体内有害氧化物、过氧化物等增加而对机体产生多种慢性伤害。

2. 脂肪的食物来源

脂肪的来源主要是烹调油、肉类及其他各种食物。脂肪大致可分为动物性脂肪和植物性脂肪两大类。

（1）富含动物性脂肪的食物包括乳类、蛋类、肉类、肝类、鱼类食物及动物油（如猪油、牛油、羊油、鸡油、鸭油）等。其中动物油的饱和脂肪酸含量较高，但必需脂肪酸含量比一般植物油低。

（2）富含植物性脂肪的食物是植物油，如豆油、花生油、玉米油、芝麻油、茶油、菜油和葵花籽油等。植物油是人体必需脂肪酸的最好来源，营养价值较高。

3. 脂肪的需要量

目前对人体每日的脂肪摄入量没有统一的规定，饮食习惯、地域、季节、气候及脂肪供应来源等因素都对其有影响。根据我国居民的膳食营养状况，一般认为我国幼儿每日膳食中脂肪供给的热量应占每日总热量的 20%～30%。

（三）碳水化合物

1. 碳水化合物的生理功能

（1）供给热能。碳水化合物是 3 大产能物质之一，是人体最主要的能量来源。人体每日碳水化合物供给的热量应占每日总热量的 50% 以上。

（2）构成细胞和组织。碳水化合物是组成糖蛋白、黏蛋白、核糖和脱氧核糖的重要组成部分。其中，糖蛋白是细胞膜和神经组织的组成部分，黏蛋白是结缔组织的组成部分。

（3）抗生酮和解毒作用。当碳水化合物缺乏时，脂肪代谢产生的酮体氧化不完全，在血液中达到一定的浓度就会导致代谢性酸中毒，因此，碳水化合物具有抗生酮的作用。摄入充足的碳水化合物，可以增加肝脏内糖原的储存量，从而增强肝脏的解毒功能。

（4）节约蛋白质。如果碳水化合物供给充足，就可以避免机体消耗过多的蛋白质来作为能量来源。节约的蛋白质可用于发挥其重要的生理功能。

（5）促进肠蠕动和排空。碳水化合物中不能被人体消化吸收的纤维素能够促进肠蠕动和排空，防止食物滞留在肠道中因腐败而产生毒素。

（6）维持心脏和神经系统等的正常功能。心脏的活动主要靠葡萄糖和糖原供给能量。神经系统所需的热能只能由碳水化合物的代谢产物葡萄糖来提供。

2. 碳水化合物的组成

碳水化合物又称糖类，是自然界中分布广泛、数量最多的有机化合物，主要由碳、氢、氧 3 种化学元素组成。

碳水化合物按其分子结构可分为单糖、双糖和多糖。

单糖指不能被水解为更小单位的糖类物质，如葡萄糖和果糖等。

双糖指能被水解为少量（2～6 个）单糖分子的糖类物质，如蔗糖、乳糖和麦芽糖等。

多糖指能被水解为多个单糖分子的糖类物质，如淀粉、纤维素、半纤维素和果胶等。

除单糖外，其他糖类必须先经过唾液淀粉酶、胰淀粉酶分解为双糖，再经肠道内的消化酶分解为单糖后，才能被小肠吸收。其他未被吸收的部分在回肠下部及结肠内受细菌作用而发酵分解，产生乳酸及其他低级脂肪酸，从而促进肠的蠕动。

3. 碳水化合物的食物来源

碳水化合物主要来源于谷类、薯类及根茎类食物，它们含有大量的淀粉和少量的单糖或双糖。谷类食物包括大米、糙米等，薯类食物包括甘薯、马铃薯、山药等，根茎类食物包括胡萝卜、土豆等。

4. 碳水化合物的需要量

儿童对碳水化合物的需要量相比成人要多，但是儿童每日膳食中碳水化合物的摄取量应适量。若摄取过多，大量的葡萄糖会转化为脂肪堆积在体内，导致肥胖、龋齿等；若摄取不足，会导致体内蛋白质消耗增加，从而导致体质量减轻和营养不良。根据《中国居民膳食指南（2022）》，3～6 岁儿童每日膳食中碳水化合物提供的热量应占总热量的 50%～55%，但不宜食用过多的糖和甜食，而应以食用含有复杂碳水化合物的谷类食物如大米、面粉、红豆、绿豆等为主。

（四）钙

1. 钙的生理功能

钙是构成骨骼和牙齿的主要成分，它对骨骼的正常生长发育和健康有至关重要的作用。如果血钙降低，神经和肌肉的兴奋性就会增强，会引起手足抽搐。此外，钙是血液凝固过程中所必需的凝血因子，同时还与细胞的吞噬、分泌、分裂等活动有关。

2. 钙的食物来源

含钙丰富的食物中，以牛奶为最佳。牛奶不仅含钙量高，而且其中的钙容易被人体吸收利用。此外，虾皮、小鱼干、紫菜、海带等海产品也均是富含钙的食物。豆类及豆制品如黄豆、黑豆、豆腐、豆腐干等也是膳食中钙的主要来源，蔬菜中的绿叶蔬菜如小白菜、油菜、芹菜等的含钙量也较高。

3. 钙的需要量

根据《中国居民膳食指南（2022）》，3～4 岁每日适宜的钙摄入量为 600 mg，4～6 岁每日适宜的钙摄入量为 800 mg。

长期缺钙会导致幼儿生长发育迟缓、骨软化及骨骼变形，严重时会导致佝偻病；缺钙幼儿的牙齿质量也不高，易患龋齿。但钙过量同样会影响幼儿健康，可能会增加幼儿患肾结石病的风险；此外，持续摄入大量钙还会导致骨骼过早钙化，骨骼提前闭合，影响幼儿身高。

（五）铁

1. 铁的生理功能

铁是人体红细胞中血红蛋白的主要成分。人体内 60%～70% 的铁存在红细胞中，主要用于维持正常的造血功能，以及参与体内氧的运输和组织之间的气体交换。铁在人体内可被反复利用，排出体外的量很少。

2. 影响铁吸收和利用的因素

动物性食物中的铁因与血红蛋白、肌蛋白结合，可被肠黏膜直接吸收，利用率高。此外，维生素 C 可以促进机体对铁的吸收。

植物性食物和乳制品中的三价铁因为需要还原成二价铁才能被吸收，所以吸收率低。另外，谷类食物中的植酸和蔬菜中的草酸均会影响铁的吸收，茶和咖啡也会抑制铁的吸收。

3. 铁的主要食物来源和需要量

见本任务第二节辅食添加攻略部分。

（六）锌

1. 锌的生理功能

锌广泛分布于人体的所有组织和器官中，参与氨基酸的代谢和蛋白质的合成。锌是人体中多种酶的组成部分或酶的激活剂，对近百种酶有催化作用。锌能对机体免疫功能进行调节，从而调节蛋白质的合成和代谢。锌对于维持正常的味觉功能全关重要，当幼儿缺锌时会出现味觉减退，甚至会得异食癖。

2. 锌的食物来源

膳食中富含锌的食物有贝壳类海产品（其中牡蛎含锌量最高）、牛肉、猪肉、羊肉、动物肝脏和蛋等，其次有干果、谷类胚芽及藜麦等，锌含量一般的食物有鱿鱼、香菇、黑米及豆类食物等，锌含量较低的食物有谷类食物、水果和蔬菜等。

值得注意的是，植物性食物中的植酸和草酸等会降低锌的吸收率。另外，虽然谷类食物中锌的含量较少，但人体对经过发酵的面食中的锌的吸收率会有所提高。

3. 锌的需要量

根据《中国居民膳食指南（2022）》，6 月龄以内每日锌的需要量为 3 mg，1 岁以内每日锌的需要量为 5 mg，1～7 岁每日锌的需要量为 1.0 mg。

锌摄入不足时会出现厌食和味觉减退，以及口腔溃疡，严重时可导致生长发育迟缓、皮肤发黄及脱发等。

（七）碘

1. 碘的生理功能

碘是人体必需的微量元素之一，同时也是人体容易缺乏的微量元素之一。碘是构成甲状腺激素的主要原料，其生理功能通过甲状腺激素的作用来体现。甲状腺激素具有促进组织氧化、调节机体新陈代谢、促进机体生长发育等作用。

2. 碘的食物来源

含碘丰富的食物主要有海产品，如海带、紫菜、海鱼、海虾、海贝、海参等。此外，食用碘盐也是摄入碘的重要途径。

3. 碘的需要量

根据《中国居民膳食指南（2022）》，4 岁以内每日碘摄入量应为 50 μg，4～7 岁每日碘摄入量应为 90 μg。

碘摄入量不足或过量都对身体有害。碘缺乏时，甲状腺激素合成不足，会引起甲状腺肿大。孕妇缺碘，会使胎儿的生长发育受到严重影响，甚至造成婴儿出生后得呆小症。

（八）维生素 A（视黄醇）

1. 维生素 A 的生理功能

（1）构成视网膜的感光物质，维持夜视功能。维生素 A 与视蛋白组成视紫红质，该物质能感受弱光刺激，有助于视网膜在傍晚或暗处感光。

如果人体内缺乏维生素 A，就会使视网膜上视紫红质的合成出现障碍，从而导致暗适应能力下降，出现夜盲症。

（2）维持上皮细胞的正常发育。维生素 A 是上皮细胞生长发育必需的营养素，呼吸道、消化道、泌尿道及皮肤的健康均与维生素 A 有关，泪腺上皮细胞的健全也不可缺少维生素 A。

缺乏维生素 A 会导致皮肤角化过度、干燥及粗糙，头发干枯和易于脱落，并反复发生呼吸道和消化道感染；还会导致角膜和结膜干燥和粗糙，眼泪减少，发生干眼病；严重的角膜病变会导致角膜软化和穿孔，甚至失明。

（3）促进幼儿生长发育，提高机体免疫力。

2. 维生素 A 的食物来源

人体所需维生素 A 的食物来源主要有两个。一是动物性食物，包括富含维生素 A 的动物肝脏、鱼肝油、鱼卵、蛋黄、奶、奶油等。二是植物性食物，其含有的胡萝卜素，可在人体内转化成维生素 A，一般深绿色和橙黄色的蔬菜如菠菜、豌豆苗、青椒、胡萝卜、南瓜、红心甜薯等含胡萝卜素丰富，芒果、杏等水果也含有较多的胡萝卜素。

3. 维生素 A 的需要量

维生素 A 的需要量与儿童的生长发育成正比。根据《中国居民膳食指南（2022）》，1～4 岁每日维生素 A 的摄入量应为 500 μg，5～7 岁每日维生素 A 的摄入量应为 600 μg。

需要指出的是，维生素 A 摄入过量会导致中毒，表现为食欲减退、头发稀疏、皮肤瘙痒、肌肉僵硬等。一般来说，正常膳食不会摄入过量的维生素 A，摄入过量的维生素 A 通常是服用过多的浓缩鱼肝油或维生素 A 制剂所致。

（九）维生素 D（钙化醇）

1. 维生素 D 的生理功能

（1）促进人体对钙和磷的吸收。维生素 D 在人体小肠内能够促进钙结合蛋白和磷结合蛋白的合成，从而促进小肠对钙和磷的吸收。此外，维生素 D 还可以促进肾对钙和磷的重吸收。

（2）骨骼的组成成分。钙和磷是骨骼和牙齿的重要组成成分，因此维生素 D 在维持骨骼和牙齿的正常生长及钙化的过程中起着重要作用。

2. 维生素 D 的来源

人体内维生素 D 的来源有两类：一是晒太阳，皮肤中的 7-脱氢胆固醇在日光照射下会转化为维生素 D；二是从食物中获得，富含维生素 D 的食物包括鱼肝油、咸水鱼、动物肝脏等。

3. 维生素 D 的需要量

幼儿正处在生长发育阶段，维生素 D 的需要量较成人多。根据《中国居民膳食指南（2022）》，幼儿每日维生素 D 的摄入量应为 10 μg。

维生素 D 摄入不足会导致佝偻病，而摄入过多会引发维生素 D 中毒。后者的早期表现为精神状态的改变，如烦躁、睡眠不安及食欲减退等，继而会出现恶心、呕吐、多汗等，严重时会损害心肾功能。

（十）维生素 B_1（硫胺素）

1. 维生素 B_1 的生理功能

（1）参与糖类代谢。维生素 B_1 往往以辅酶的形式对人体内糖类的氧化起作用，缺乏时会得脚气病。临床表现为烦躁易怒、四肢无力、肌肉萎缩、下肢麻痹，严重时会诱发心力衰竭。

（2）维生素 B_1 对幼儿的生长发育及增进食欲也有重要作用。

2. 维生素 B_1 的食物来源

维生素 B_1 主要存在于动物的肝、肾及瘦肉中，乳类、谷糠、麦胚、酵母、豆类及坚果类食物中也含有丰富的维生素 B_1，其中谷糠中维生素 B_1 的含量最高。但维生素 B_1 在碱性环境中遇热极不稳定，如果在煮粥、煮豆时加入碱，大部分维生素 B_1 会被破坏。

3. 维生素 B_1 的需要量

幼儿膳食应注意粗粮和细粮的搭配，每天让其吃些豆类及其制品，以获取维生素 B_1。

根据《中国居民膳食指南（2022）》，1～2 岁每日维生素 B_1 的摄入量应为 0.6 mg 左右，2～3 岁每日维生素 B_1 的摄入量应为 0.7 mg 左右，3～5 岁每日维生素 B_1 的摄入量应为 0.9 mg 左右，5 岁后每日维生素 B_1 的摄入量应为 1.0～1.3 mg。

（十一）维生素 B_2（核黄素）

1. 维生素 B_2 的生理功能

维生素 B_2 是机体多种辅酶的组成成分，这些辅酶与特定的蛋白质结合后会形成黄素蛋白。黄素蛋白在氨基酸、脂肪和碳水化合物的代谢及细胞呼吸中起着重要的作用。

2. 维生素 B_2 的食物来源

动物性食物如鸡蛋、肝脏、乳制品、瘦肉、鱼等中的维生素 B_2 含量最多；绿色蔬菜中也含有一定量的维生素 B_2，但含量不高。因此，在以植物性食物为主的人群中，维生素 B_2 缺乏者较为常见。

3. 维生素 B_2 的需要量

根据《中国居民膳食指南（2022）》，幼儿每日膳食中维生素 B_2 的摄入量应为 0.6～0.7 mg。维生素 B_2 不足会引起物质和能量代谢紊乱，表现为口角糜烂、阴囊发炎、角膜溃疡、生长停滞等。

（十二）维生素 C（抗坏血酸）

1. 维生素 C 的生理功能

（1）抗坏血病，并促进伤口愈合。维生素 C 能促进人体组织中胶原蛋白的形成，预防坏血病的发生。此外，还能促进伤口的愈合。

（2）参与胆固醇代谢。维生素 C 可以直接参与胆固醇的代谢，降低血液中胆固醇的含量，对防治心血管疾病有一定作用。

（3）还原剂。维生素 C 能使食物中的三价铁还原为二价铁，有利于铁的吸收。此外，还能使叶酸被激活。维生素 C 可用于缺铁性贫血、巨幼红细胞性贫血的辅助治疗。

（4）增强免疫力。维生素 C 能增强人体免疫力，具有一定的防癌、抗癌作用。

（5）保护和解毒功能。人体患重病或中毒时，可用维生素 C 辅助治疗。

2. 维生素 C 的食物来源

维生素 C 主要来源于新鲜蔬菜和水果。深色蔬菜（韭菜、菠菜、芹菜、青椒等）和水果（柑橘、山楂、鲜枣、柚子等）含维生素 C 较多，一些野果（酸枣、猕猴桃、刺梨等）也含丰富的维生素 C。

3. 维生素 C 的需要量

幼儿每日所需维生素 C 的量为 30～50 mg。年龄越大，需要量越多。

为了预防维生素 C 缺乏，照护者应首先纠正幼儿挑食、偏食的习惯，每天为其提供丰富的新鲜蔬菜和水果。烹饪蔬菜时应先洗后切和急火快炒，尽量不加盖，以使维生素 C 的损失量减少。水果应在吃时再削皮，避免在空气中被氧化。洗好蔬菜的搁置时间不宜太长，烹饪时加少量淀粉可保护维生素 C 不被氧化。此外，烹饪蔬菜时适量加醋可以保护蔬菜中的 B 族维生素和维生素 C。

【实训卡片】

结合本节内容，请完成表 1-1-8。

表 1-1-8　营养素功能表

营养素	生理功能	缺乏	过多	主要食物来源
蛋白质				
脂类				
碳水化合物				
维生素 A				
维生素 D				
维生素 B$_1$				
维生素 B$_2$				
维生素 C				

二、婴幼儿喂养指南

中国营养学会发布的《中国婴幼儿喂养指南（2022）》列举了婴幼儿从出生到学龄前阶段的营养需要及饮食安排。

（一）0～6 月龄：坚持纯母乳喂养，补足维生素 D

1. 母乳是婴儿最理想的食物，对于 6 月龄内婴儿应坚持纯母乳喂养

正常情况下，纯母乳喂养能满足 6 月龄内婴儿所需要的全部能量、营养素和水。婴儿从出生到满 6 月龄的阶段内都应完全喂母乳，尽量不喂除母乳外的其他食物，如婴儿配方奶粉。

2. 出生后 1 小时内开奶，应尽早吮吸

婴儿出生后 10～30 分钟即具备觅食和吮吸能力，因此最好在婴儿出生后 30 分钟到 1 小时内让其吮吸母亲的乳房，以刺激催乳素的分泌，这是确保母乳喂养成功的关键。

3. 回应式喂养，建立良好的生活规律

及时识别婴儿的饥饿信号及饱腹信号并尽快做出喂养回应，哭闹是婴儿表达饥饿的最晚表现。按需喂养，切勿强求喂奶次数和时间。婴儿出生后 2～4 周就基本可以建立自己的进食规律，照护者应掌握其进食规律。

4. 适当补充维生素 D，母乳喂养无须补钙

母乳中的维生素 D 含量低，婴儿出生后，应每日补充 10 μg 的维生素 D。纯母乳喂养能满足婴儿骨骼生长对钙的需要，因此不需要额外补钙。新生儿缺钙的主要原因在于维生素 D 的缺乏。

5. 任何拟放弃母乳喂养的想法和举动都必须咨询医生或其他专业人员并由他们帮助做出决定

任何婴儿配方奶粉和代乳品都不如母乳营养全面，它们只能作为母乳喂养失败情况下的选择。如果因母婴暂时分离不得不采用非母乳喂养时，就必须选择适合 6 月龄内婴儿的配方奶粉喂养。普通的液态奶、成人奶粉、蛋白粉、豆奶粉等都不宜用于喂养婴儿。

6. 定期监测婴儿体格指标，保证健康生长

6 月龄内婴儿应每月测 1 次身长、体质量和头围，并选用《5 岁以下儿童生长状况判定》（WS/T 423—2013）这一国家卫生标准来判断婴儿的生长状况。

婴儿生长有自身规律，过快过慢都不利于其健康。婴儿生长存在个体差异，也有阶段性波动，不宜相互攀比生长指标。

（二）7～24 月龄：继续母乳喂养，辅食多样化，少糖少盐

1. 继续母乳喂养，婴儿满 6 月龄后必须添加辅食，且最好从富含铁的泥糊状食物开始

婴儿满 6 月龄后可以继续母乳喂养到 2 岁或以上。从满 6 月龄起逐步引入各种食物，辅食添加过早或过晚都会影响健康。首先添加肉泥、肝泥、强化铁婴儿米粉等富含铁的泥糊状食物。特殊情况下必须在医生的指导下调整辅食添加时间。

2. 及时引入多样化食物，重视动物性食物的添加

刚开始给婴儿添加辅食时每次最好只引入 1 种新的食物，根据其适应情况逐步达到食物多样化。不盲目回避易过敏食物，如鸡蛋、小麦、鱼、坚果等。研究证实，1 岁内适时引入各种食物使婴儿的食物多样化，能促进婴儿的营养均衡，也能减少食物过敏风险。辅食添加应从泥糊状食物开始，逐步过渡到颗粒状、半固体状及固体状食物。辅食添加频次和添加量也应逐步增加。

3. 尽量少加糖、盐和油，保持食物原味

婴儿辅食应该单独制作，尽量少加糖、盐及各种调味品，以便让婴儿多吃原味食物。不同于成人，婴儿需要摄取适量的油脂为生长提供所需能量。

4. 提倡回应式喂养，鼓励但不强迫进食

进食时父母或照护者应该与婴儿有充分的交流，注意其发出的饥饱信号，如张嘴和扑向食物表示饥饿、扭头和闭嘴表示吃饱了。

父母或照护者应该鼓励并协助婴儿自主进食，培养其进食兴趣。婴儿进食时不分散其注意力，如不允许观看电视和玩玩具等。此外每次进食时间不宜超过 20 分钟。

5. 注重饮食卫生和进食安全

选择安全、优质、新鲜的食材。食物制作过程中必须始终保持清洁和卫生，煮熟煮透，生熟分开。必须洗干净生吃的水果和蔬菜，另外还应去掉水果的外皮及果核。不允许吃整粒花生、坚果、果冻等，以防发生进食意外。餐前洗手以防病从口入。

6. 定期监测体格指标，保证健康生长

每 3 个月测量 1 次身长、体质量和头围等生长指标，鼓励爬行和自由活动，以更好地实现健康生长。

（三）2～5 岁：自主规律进食，参与食物的选择

该年龄段的喂养注意事项如下所述。

（1）保证食物种类多样，自主规律进食，培养健康的饮食习惯。

（2）每天饮奶，足量饮水，合理选择零食。

（3）合理烹饪，少加调料和少油炸。

（4）参与食物选择与制作，增进对食物的认知和喜爱。

（5）经常参与户外活动，每半年进行 1 次体格测量，保证健康成长。

【实训卡片】

结合本节内容，请完成表 1-1-9。

表 1-1-9　婴幼儿喂养实例分析

案例描述	小华是一位 3 岁的小男孩，平时活泼好动，但在进食时总是遇到一些问题。照护者反映，小华在进食时总是分心，一会儿玩玩具，一会儿看电视，导致进食时间过长，食物也经常撒落一地
问题分析	（1）就餐环境不理想； （2）习惯养成不佳； （3）食物选择不当； （4）其他
解决方案	（1）优化就餐环境； （2）培养良好习惯； （3）合理选择食物； （4）增加互动性； （5）正面激励
实施效果	

三、进食指导策略

进食是幼儿维持生命、保持健康的基本需求之一，照护者应全面了解幼儿进食情况，解决幼儿进食问题，以幼儿为本，引导幼儿养成良好的进食习惯。

（一）餐前准备和教育

1．在就餐环境创设方面

（1）为幼儿营造良好的就餐环境。良好的就餐环境不仅可以保证幼儿摄入足够的蛋白质、脂肪、碳水化合物等营养素，还能使幼儿养成集中注意力的好习惯。应根据幼儿的不同饮食习惯布置就餐环境。对于能专心进食、饮食正常的幼儿，就餐环境可以采用有趣的布置；对于心不在焉、食欲不佳的幼儿，应为其布置一个没有视觉和听觉干扰的就餐环境。此外，幼儿进食时应考虑将电视机、电脑等电子产品关掉。

（2）为幼儿挑选专用餐椅和餐具。幼儿应使用相对固定的餐椅和餐具，这样幼儿一见到熟悉的餐椅和餐具就知道到进食时间了，有利于养成良好的进食习惯。

（3）加强饮食安全。照护者应为幼儿提供安全、营养、易于消化吸收的健康食物。

2．在心理氛围营造方面

一方面让幼儿与家庭成员共同进餐；另一方面照护者应有足够的耐心，并且还能积极、适时地给予幼儿鼓励，增强幼儿进食的自主性。

3．在餐前教育方面

（1）提高幼儿食欲。

（2）餐前做好就餐准备。

（3）注意饮食卫生和就餐礼仪。

（4）训练幼儿使用餐具。

（5）合理控制进食时间。

（6）进食速度应适当。

（7）进食总量应适度。

（二）进食习惯的培养

照护者可以从以下几个方面培养幼儿养成良好的进食习惯。

1．餐桌礼仪

1）正确的坐姿

（1）双脚放在地上，背靠椅背，坐在餐椅上，保持身体挺直。

（2）两腿平行放置，不晃动或跷腿，以免不雅观和影响消化。

（3）保持安静，不在就餐时随意走动或玩耍。

2）咀嚼和吞咽的方式

（1）示范正确的咀嚼动作。照护者可以在喂食时为幼儿示范正确的咀嚼动作，让其观察和模仿。照护者可以夸张地做出咀嚼的动作，同时用语言告诉幼儿应该如何咀嚼食物。

（2）教幼儿学会充分咀嚼食物。教幼儿在进食时学会充分咀嚼食物，待食物嚼碎后再咽下。照护者可以在幼儿咀嚼食物时，用手轻轻按压其下颌，帮助其充分咀嚼食物。

（3）提醒幼儿吞咽食物时应闭上嘴巴。照护者应告诉幼儿在吞咽食物时闭上嘴巴，以免食物喷出或吸入气管；同时，切勿在幼儿吞咽食物时逗弄或惊吓他们。

（4）鼓励幼儿自己尝试吞咽食物。随着年龄的增长，幼儿会逐渐表现出自主进食的意愿，照护者可以鼓励幼儿自己尝试吞咽食物，培养其独立进食的能力。

2. 餐具的使用

1）用勺子进食

用勺子进食是训练幼儿自主进食的第一步，有助于训练其手部精细动作及提升其手眼协调能力，以便为日后使用筷子做准备。

指导幼儿用勺子进食

幼儿学习用勺子进食，需要面临的挑战包括会抓勺子、会用勺子舀食物、会往嘴里送食物。所以幼儿应该具备的能力包括手的抓握、协调及力量的控制能力，手眼协调能力和模仿能力等。如表 1-1-10 所示是 1～2 岁幼儿学习用勺子进食的指导要点。

表 1-1-10　1～2 岁幼儿学习用勺子进食的指导要点

步骤	具体方法	目的
第 1 步	准备 1 把可爱的勺子	平时可以把勺子当作玩具，让幼儿经常拿在手里玩，从而在不知不觉中学会使用勺子
第 2 步	练习抓握勺子	先辅助幼儿弯曲手指，握住勺子，防止其放下或扔掉勺子，同时可以轻声说"勺子"，帮助其建立对勺子的认知；然后逐步撤销辅助，并尽可能延长幼儿的握勺时间，直到其能长时间抓握勺子不掉
第 3 步	练习用勺子舀食物	（1）如果幼儿已能很好地抓握勺子，照护者可以准备 1 个空碗和 1 个装有面粉的碗，紧挨着摆放在幼儿面前。 （2）让幼儿握好勺子后，辅助幼儿把勺子伸进有面粉的碗里，舀 1 勺面粉后，再放入空碗。逐步撤销辅助，待幼儿可以独立用勺子舀面粉后，再增加两个碗之间的距离。 （3）如果幼儿可以很好地舀面粉，照护者可以把面粉换成黄豆或红豆等，让其继续练习
第 4 步	练习往嘴里送食物	（1）准备一些幼儿喜欢的好舀的零食（不需要放满整个碗），照护者辅助幼儿一只手扶住碗，另一只手舀一些零食放进嘴里。 （2）当幼儿能自己用勺子吃零食时，把零食逐步换成主食。 （3）让幼儿用勺子喝汤，以便让其能够更加熟练地用勺子进食
2～3 岁幼儿用勺子进食的指导要点：（1）照护者逐渐放手，提供机会让幼儿锻炼用勺子进食；（2）心平气和地对待幼儿在进食中存在的问题，如进食慢、弄脏衣服等		

2）用筷子进食

幼儿学习使用筷子进食对其动作发展具有很重要的作用。首先，可以促进幼儿精细动作的发展；其次，可以促进幼儿手眼协调能力的提升；最后，可以锻炼幼儿的小肌肉及提升拇指和其他 4 指的抓握能力。

在教幼儿学习使用筷子前，照护者应该提前准备好合适的四方形毛竹儿童筷，因为这样的筷子易夹住食物，并且无色无毒，安全卫生。

在幼儿刚开始学习使用筷子时，照护者应耐心地教给幼儿正确使用筷子的方法。筷子的正确使用方法如下：

（1）用拇指、食指和中指的指头轻轻拿住筷子；

（2）拇指指头放在食指指头旁边，中指的指头垫在下面；

（3）拇指和中指的中间夹住固定；

（4）筷子后侧留 1 厘米长的距离；

（5）使用筷子夹菜时，筷子尖应对齐，只动前侧。

在指导幼儿用筷子进食的过程中，照护者不仅需要引导幼儿正确使用筷子，还需要引导其注意以下 3 点：

（1）进食时不玩筷子、不咬筷子，养成良好的进食习惯；

（2）筷子不乱放，注意卫生；

（3）让使用公筷成为一种文明习惯。

3．控制进食时间

一般来说，幼儿的进食时间宜控制在 30 分钟左右。

4．进食习惯的训练

1～3 岁是幼儿自主性发展的萌芽期和个性化构建的重要时期，也是幼儿养成自主进食良好习惯的关键期。

婴幼儿进食习惯的培养分为以下 3 个阶段。

（1）第 1 阶段是 1 岁以内，称为探索期。这时婴儿对餐具和食物有浓厚的兴趣，部分婴儿 10～12 月龄时就已学会自己用勺，一般在 1 岁后可断奶瓶。

这一时期的训练方法是：照护者不应因为饭菜会弄脏婴儿的衣服和手而不让婴儿自己进食，而是应该让婴儿自己去探索、去感受。

（2）第 2 阶段是 12～18 月龄，称为自主进食的关键期或黄金期。这一时期幼儿的手、眼协调能力迅速发展，引导幼儿树立"我能自己吃"的意识就可以了。

这一时期的训练方法是：进食前把幼儿的手洗干净，对于自己有意愿拿勺子进食的幼儿，可给予鼓励，还可以放手让幼儿自己尝试进食。

（3）第 3 阶段是 2～3 岁，称为独立期，也称巩固期。

这一时期的训练方法是：巩固幼儿自主进食的习惯，树立自主进食的意识，让幼儿知道进食是自己的事情，用讲故事的方式让幼儿了解餐桌礼仪和食物营养等，更好地激发幼儿的食欲。

5．饮食习惯的纠正

幼儿常见的不良饮食习惯中，挑食行为最多，其次为偏食和厌食行为。具体表现为进食慢、进食少、对食物不感兴趣、拒绝某些食物、不愿尝试新食物、偏爱某些食物等。

纠正幼儿不良饮食习惯的方法如下：

（1）两餐之间大于 3 小时，两餐之间不让吃其他食物；

（2）控制进食时间，每次少于 30 分钟；

（3）每天保证 1 小时以上的户外活动时间；

（4）培养幼儿独立进食的习惯；

（5）不强迫进食，把幼儿拒绝的食物与喜爱的食物放在一起，先少量，再逐渐增加；

（6）减少幼儿偏爱食物的供给量；

（7）鼓励幼儿尝试新食物，把新食物与喜爱的食物放在一起，先少量，再逐渐增加。

6．进食结束后的礼仪指导

1）感谢与赞扬

在进食结束后，照护者可以赞扬幼儿的进食表现，鼓励其养成良好的进食习惯。同时，教会幼儿表达感谢，如说"谢谢妈妈（或其他人）给我做饭"。

2）整理与清洁

照护者应教育幼儿养成餐后洗手、擦嘴的习惯。同时，引导幼儿将餐具归位，以及清洁餐桌和地面。

3）饮食习惯的延续

照护者可以在日常活动中逐渐增加幼儿自主进食的机会，培养其独立性和自信心。同时，保持饮食的多样化和营养均衡。

【实训卡片】

观摩活动：观察幼儿进食情况。

要求：学生在保健医生和班级保教人员带领下，分组观察班上幼儿的进食情况，采用行为检查表法（见表1-1-11）观察、了解幼儿的进食行为。

表 1-1-11　进食行为检查表

幼儿姓名	进食兴趣		进食态度				进食过程					餐具使用			进食速度			食量		
	有	无	喜欢	挑剔食物	玩餐具、食物	抗拒	含饭	边吃边玩	说话影响进食	适当与人交谈	乱撒饭菜	正确使用	不太灵活	不会用	过快	适中	过慢	较少	适中	较多
1																				
2																				
3																				
4																				
5																				
6																				

注：幼儿姓名用序号代替，表格中以打"√"的方式记录幼儿的进食情况。

任务二　婴幼儿盥洗照护

【情境导入】

小玲是一位新手妈妈，她的儿子小刚刚满1岁。每天早晨起床后和晚上睡觉前，小玲都会为小刚进行盥洗照护，包括洗脸、洗手和洗臀部。然而，小刚总是不太配合，经常扭动身体和哭闹不止，小玲感到非常困扰。

有一天，小玲的好友小芳来她家做客，见到小玲在为小刚盥洗。小芳注意到小刚的洗脸盆和毛巾都是旧的，并且小玲在给小刚洗手时没有使用洗手液。小芳认为这些可能是小刚不愿意配合盥洗的原因之一。

问题：

1. 小刚为什么不愿意配合盥洗，是因为不舒服还是不喜欢这个过程？

2. 小玲应该如何改进盥洗照护的方式从而让小刚更愿意接受？

3. 小芳提到的洗脸盆和毛巾的问题是否会影响小刚的盥洗体验？如果有影响，应该如何改进？

4. 在给小刚洗手时，是否需要使用洗手液？如果需要，应该选择什么样的洗手液？

【任务学习】

第一节　日常清洁

乐乐已经2岁了，最近有些不舒服，鼻塞和耳闷的状况一直没有好转。为了乐乐的健康，我们决定学习口鼻耳的护理方法。

一、口鼻耳的护理

口鼻耳是身体与外界接触的重要部位，也是容易积聚污垢和感染病菌的地方。由于婴幼儿的免疫系统尚未发育完全，更容易受到病菌的侵害，因此口鼻耳的护理对于婴幼儿的健康至关重要。

（一）护理时间

在婴儿出生后几周内，其口鼻耳就会开始分泌一些物质，如口水、鼻痂和耳垢等。这些分泌物如果不及时清理，就容易导致细菌滋生和感染。因此，在婴儿出生后不久，照护者就应该开始定期为其进行口鼻耳护理了。

（二）护理方法

1. 口腔护理

婴幼儿的口腔黏膜较为娇嫩，在喂奶后应该用温水或生理盐水清洗宝宝的口腔。可以先将棉球或纱布沾湿再轻轻擦拭宝宝的牙龈和舌头，帮助其清洁口腔（见图 1-2-1 和图 1-2-2）。需要注意的是，切勿使用手指或布擦拭宝宝的口腔，以免引起破损和感染。

2. 鼻腔护理

婴幼儿的鼻腔也容易积聚分泌物，导致鼻塞。为了保持鼻腔通畅，可以先用生理盐水滴鼻剂润湿宝宝的鼻腔，再用棉球或纱布轻轻清理其鼻内分泌物。在清理时应注意力度，以免损伤宝宝的鼻黏膜。

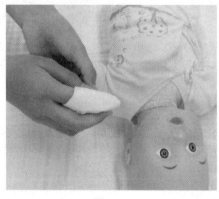 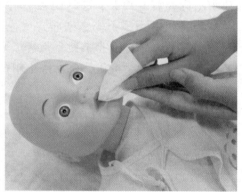

图 1-2-1　　　　　　　　　　图 1-2-2

3. 耳朵护理

婴幼儿的耳垢通常会自然排出，因此不需要频繁清理。但是，如果发现宝宝耳朵内有异常分泌物或异味，可能是由外耳道或中耳的炎症引起的，应该及时就医。在给宝宝洗澡时，可以使用耳塞或棉球等物品防止水进入其耳朵。

（三）护理中的误区

1. 认为滴鼻药可以随便使用

有的照护者在宝宝出现鼻塞时，会随意使用滴鼻药来缓解症状。然而，滴鼻药中含有血管收缩剂，长期使用可能会对宝宝的鼻腔造成损伤。因此，在使用滴鼻药时，必须遵循医生的建议。

2. 认为热敷可以缓解耳部不适

有些照护者在宝宝出现耳部不适时，会用热敷来缓解症状。然而，热敷可能会导致耳部炎症加重，尤其是对于有中耳炎的宝宝，热敷可能会引起严重的并发症。因此，在处理宝宝的耳部问题时，必须遵循医生的建议。

（四）注意事项

1. 在护理过程中必须注意卫生

在为宝宝进行口鼻耳护理时，必须注意卫生，保证双手和使用的物品都已清洁和消毒。

2. 避免过度使用药物

在护理过程中应避免过度使用药物，特别是抗生素和抗过敏药物。如果宝宝出现感染症状，应该先带其就医，再在医生的指导下使用药物。

3. 注意观察症状

在护理过程中必须注意观察宝宝是否有发热、咳嗽、呼吸困难等症状。这些症状可能是严重疾病的征兆，需要及时就医。

总之，为了确保婴幼儿的健康，照护者应该从宝宝出生后不久就开始定期为其进行口鼻耳护理。在护理过程中必须注意卫生和避免过度使用药物，并注意观察症状。

二、身体的清洁和脐带的护理

（一）身体的清洁

1. 洗澡的准备工作及细节

1）物品准备

需要准备浴盆、沐浴椅、毛巾、浴棉、宝宝沐浴液、宝宝无泪洗发露、爽身粉、护臀霜、浴巾、干净衣服和尿布。必须把擦干宝宝身体和穿衣服时的用品都准备好，放在手边。

为新生儿洗澡时，必须注意以下事项：所用的毛巾必须是柔软的纯棉毛巾；动作应轻柔、有章法，以免伤及新生儿的皮肤和肢体；切勿让新生儿被水呛到；注意清洁新生儿皮肤的褶皱。

2）洗浴时间

如果刚喂完奶就给新生儿洗澡，易引起新生儿吐奶。可选择在两次喂奶的中间时段，即喂奶后 1～2 小时给新生儿洗澡。洗澡前最好让新生儿先排便，并在清理好后再洗澡。洗澡的总时间最好控制在 10 分钟内，否则新生儿会因体力消耗过大而感到疲倦。

3）室温和水温

室温应保持在 26℃～28℃。适宜的水温为 42℃左右，一般以摸上去不烫手，或者以滴在照护者的手背上感觉稍热但不烫手为宜。

4）洗澡频率

新生儿洗澡不必过勤。新生儿排泌的汗液有限，不必每天都洗澡，气温高时隔天洗 1

次，气温低时隔 2 天洗 1 次。

2. 洗澡的具体步骤

1）洗澡前

抱着新生儿，让其仰卧在照护者的大腿上，先帮其擦洗脸和耳朵，动作应轻柔，切勿用力搓。

2）洗头

一般应先给新生儿洗头。照护者可以一只手托着新生儿的后颈部，另一只手用毛巾轻轻擦洗一下整个头部，注意不让耳朵进水。

3）洗身体

用左臂夹住新生儿的身体并托稳其头部，使其感觉安全舒适；用食指和拇指轻轻将新生儿的耳朵向内盖住，防止水流入其耳朵，同时注意切勿让新生儿的脐部沾水。洗澡的顺序为从脖子到手臂、从上身到臀部、从大腿到小脚丫。新生儿的拳头洗澡时会握得很紧，应轻轻扒开洗净。

4）洗澡后

给新生儿洗完澡后应立即用大毛巾将其裹住，轻轻擦干，特别是皮肤褶皱处更应擦干，防止皮肤发红。

（二）脐带的清洁

脐带护理对于新生儿来说非常重要，因为如果处理不当，可能会导致感染和其他并发症。以下是一些关于脐带护理的建议。

（1）保持清洁和干燥。在洗澡时，应在防止脐带根部沾水的前提下快速用干净的纱布或棉签将脐带根部擦拭干净（见图 1-2-3），并保持脐带及其周围皮肤的干燥。

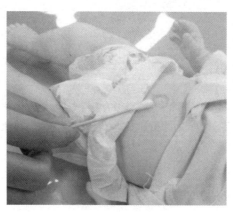

图 1-2-3

（2）避免触碰。在脐带未脱落前，尽量减少对新生儿腹部的触碰，以减少细菌感染的概率。脐带未脱落或刚脱落时，应避免衣服和尿布或纸尿裤对新生儿脐部的刺激，可以将尿布或纸尿裤前面的上端往下翻一些（见图 1-2-4），以减少尿布或纸尿裤对脐带残端的摩擦。

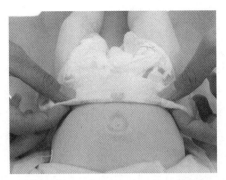

图 1-2-4

（3）避免使用护肤品。在脐带未脱落前，切勿在脐带周围使用任何护肤品，包括乳液、面霜等。

（4）注意日常观察。如果发现新生儿脐带处出现红肿、疼痛、出血、异味等情况，应及时就医。

（5）保持新生儿衣物和尿布的清洁。新生儿的衣物和尿布需要保持清洁，以防止细菌污染。

总之，脐带护理需要细心、耐心和科学的方法，以保障新生儿的健康和安全。同时，照护者需要注意新生儿的日常表现，以便及时发现异常情况并就医。

三、乳牙和指甲的清洁与护理

（一）乳牙的清洁与护理

1. 乳牙萌出的顺序

婴幼儿一般在 6 月龄左右开始萌出乳中切牙，在 1 岁左右开始萌出乳侧切牙，在 1~1.5 岁开始萌出第 1 乳磨牙，在 1.5~2 岁开始萌出乳尖牙，在 2~2.5 岁开始萌出第 2 乳磨牙。所以乳牙萌出的顺序为乳中切牙、乳侧切牙、第 1 乳磨牙、乳尖牙、第 2 乳磨牙（见图 1-2-5 和表 1-2-1）。

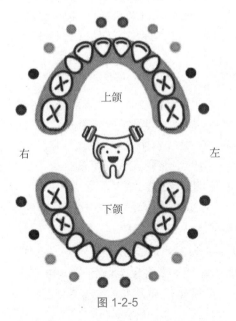

图 1-2-5

表 1-2-1　乳牙的萌出时间和顺序

牙位	上颌		下颌	
	月龄/月	顺序	月龄/月	顺序
乳中切牙	8	1	6	1
乳侧切牙	9	2	10	2
乳尖牙	18	4	19	4
第 1 乳磨牙	13	3	14	3
第 2 乳磨牙	25	5	23	5

2. 乳牙的作用

1）帮助婴幼儿咀嚼食物

乳牙是婴幼儿咀嚼器官的重要组成部分。只有拥有健康的乳牙，才能发挥正常的咀嚼功能，才能充分地嚼碎食物，才有助于食物的消化和吸收。一旦乳牙不好，婴幼儿的咀嚼功能将大打折扣。若食物未得到充分咀嚼就进入胃部，则会加重胃部负担，易导致消化不良，严重影响婴幼儿的生长发育。

2）促进颌面部发育

健康的乳牙在进食咀嚼的过程中能给予颌面部的骨骼和肌肉功能性的刺激，使颌面部发育正常。如果婴幼儿有一侧牙痛，就不愿使用这一侧的乳牙，会偏重使用另一侧的乳牙，从而引起"偏侧咀嚼"，出现"大小脸"的情况。

3）辅助发音

乳牙萌出期是婴幼儿开始学说话的重要时期。完整的乳牙对婴幼儿的正常发音非常重要，尤其是上颌乳中切牙。上颌乳中切牙缺失后，就像漏了风，很难发好唇齿音和舌齿音，严重妨碍婴幼儿语言的发展。

4）促进恒牙萌出

每个乳牙的牙根下都有继承恒牙的牙胚，乳牙到了替换年龄就会脱落，继承恒牙就会在乳牙原来的位置长出。有乳牙作为"向导"，恒牙才能在正常的位置萌出。如果乳牙提前脱落或延迟脱落，恒牙就会"迷失方向"，另寻出路，新长出的恒牙就可能不整齐了。

3. 乳牙的护理

乳牙的护理应在母亲的孕期就开始进行。从母亲怀孕 4 个月起到婴儿出生后满 1 年是乳牙釉质的钙化期。在此期间，怀孕的母亲应注意补钙，并戒烟或远离二手烟。研究表明，母亲孕期经常吸烟或被动吸烟，会导致胎儿颌面部或口腔发育畸形。此外，母亲孕期必须慎用药物，因为很多药物对胎儿的口腔和乳牙发育都是有害的。如果怀孕的母亲确需服药，那么必须遵医嘱。同时，乳牙的护理应注意以下几点。

（1）定期擦拭。使用湿毛巾或湿棉球轻轻地擦拭婴幼儿的乳牙和牙龈，这可以帮助清除食物残渣和细菌，并保持口腔卫生。

（2）刷牙。当婴儿的第 1 颗乳牙齿长出来时，照护者就可以开始用低浓度氟化物牙膏帮其刷牙了。最好在每天晚上睡前刷牙，以确保口腔干净。

（3）控制糖分摄入。尽量避免给婴幼儿吃糖果和甜品，因为过多的糖分摄入会导致龋齿和其他口腔问题。

（4）定期进行口腔检查。第 1 次口腔检查应在第 1 颗乳牙长出后 6 个月内进行，之后每年至少进行 1 次口腔检查，以确保婴幼儿的乳牙和牙龈健康。

如图 1-2-6 所示是宝宝牙齿护理方法。

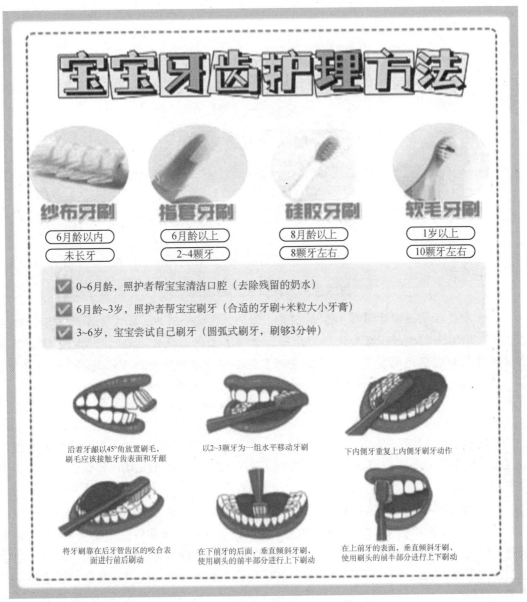

图 1-2-6

4. 乳牙迟迟未长出的可能原因

乳牙迟迟未长出来（见图 1-2-7）可能是本身出牙晚，也可能与缺钙、牙龈增生有关，需要根据具体情况进行处理。

（1）本身出牙晚。乳牙萌出的时间因人而异，部分婴儿出牙本身比较晚，可能与遗传因素、环境因素等有关，一般不需要处理。

（2）缺钙。钙是构成牙齿和骨骼的重要物质，长期缺钙或钙吸收不良会影响婴儿身体发育，也会导致出牙晚。建议适当给婴儿补充钙剂，日常多让其食用牛奶和虾等。

（3）牙龈增生。乳牙萌出的时间过晚，长时间用牙龈啃咬食物，会造成牙龈增厚，导致乳牙无法穿破牙龈而萌出。应由医生帮助切除软组织，促进乳牙萌出。

此外，平时应注意婴幼儿的口腔卫生，照护者需要帮助婴幼儿清理牙齿，并配合使用牙线帮助其清理乳牙缝隙。

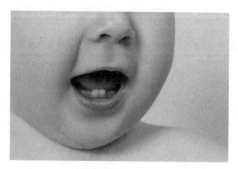

图 1-2-7

我家宝宝为什么会"吐泡泡"

长牙期是宝宝流口水非常频繁的时期。因为，在这一时期，乳牙会顶开牙龈往外生长，刺激牙龈上的神经，增加口水的分泌，所以宝宝会出现吐泡泡的行为。不过，随着宝宝乳牙及口腔肌肉的发育，宝宝会逐渐学会吞咽口水的动作，可能就不会吐泡泡了。

当然吐泡泡也可能是口腔溃疡所致，应结合宝宝的具体情况而定。

（二）指甲的清洁与护理

婴儿的指甲长得很快，如果不及时修剪，很容易自伤。不过对于很多新手妈妈来说，给宝宝修剪指甲是一项技术活，修剪指甲时宝宝有可能会不停地乱动，那么该如何给宝宝修剪指甲呢？

1. 给宝宝修剪指甲的时间

建议在宝宝出生后 1~2 周开始为其修剪指甲，并在之后定期修剪。因为婴儿的指甲生长速度较快，如果不及时修剪，就容易导致指甲过长而划伤皮肤，造成感染。同时，建议在宝宝安静或入睡的情况下为其修剪指甲，避免在其哭闹或兴奋时进行修剪，以避免不必要的皮肤损伤。修剪指甲时，建议使用婴儿专用的安全指甲剪，并保持指甲剪的清洁，避免感染。另外，如果宝宝的手指长了倒刺，也应及时修剪，以避免皮肤受伤。总体来说，定期给宝宝修剪指甲，可以帮助宝宝更健康地生长。

2. 修剪指甲的具体方法

1）0~1 月龄

（1）刚出生不久宝宝的指甲软而薄，可以使用软砂纸、婴儿专用的安全指甲剪为其修剪指甲。宝宝沐浴后或熟睡时是修剪指甲的最佳时机。

（2）修剪前先轻轻按摩宝宝的手掌，使宝宝感到舒适。

（3）修剪时协助宝宝选择合适的姿势，不要让宝宝的手乱动。

（4）修剪宝宝指甲时应避免过短。

2）1～3月龄

（1）使用婴儿专用的安全指甲剪。刚出生不久的宝宝，在最初的几周指甲长得很快，可以每周为宝宝修剪指甲 1 次；随着宝宝月龄的增长，修剪指甲的时间间隔可相应延长。相比之下，脚指甲生长的速度比手指甲要慢，因此每月修剪 1 次即可。

（2）每次修剪指甲前都应洗手，并保持指甲剪的清洁。

（3）修剪时切勿剪得太短，以免伤到皮肤（见图1-2-8）。

（4）如果宝宝指甲周围长了倒刺，应及时修剪。

3）3～6月龄

（1）使用婴儿专用的安全指甲剪。

（2）尝试给宝宝一些玩具或抓握物品，使宝宝的手有更多的活动机会，有利于指甲的生长。

（3）每次修剪指甲前都应洗手，并保持指甲剪的清洁。

（4）修剪时切勿剪得太短，以免伤到皮肤。

（5）如果宝宝指甲周围长了倒刺，应及时修剪。

（6）如果宝宝指甲周围有一些角质，可以适当修剪，但切勿过度。

4）6月龄以上

（1）使用婴儿专用的安全指甲剪。

（2）尝试给宝宝一些玩具或抓握物品，使宝宝的手有更多的活动机会，有利于指甲的生长。

（3）每次修剪指甲前都应洗手，并保持指甲剪的清洁。

（4）修剪时切勿剪得太短，以免伤到皮肤。

正确 ✔ 错误 ✖

图 1-2-8

（5）如果宝宝指甲周围长了倒刺，应及时修剪。

（6）如果宝宝指甲周围有一些角质，可以适当修剪，但切勿过度。

（7）定时修剪宝宝的脚指甲，避免长到肉里。

第二节　大小便观察与照护

宝宝出生后，每个妈妈都希望自己宝宝的食欲旺、消化好、排便畅，尤其是希望宝宝排"黄金便"。其实宝宝排一些特殊大便也是正常的，如软糊状的绿便一般是铁元素吸收不全，不需要太担心。但是对于一些明显异常的大便则需要引起高度警惕，如蛋花汤样便、泡沫样便等。那么什么颜色和形状的大便是正常的，什么是异常的呢？

一、大小便的观察

婴幼儿照护者应该是一名细致的观察者，必须时刻注意婴幼儿身体和心理的变化，进而做出正确的判断和进行适当的照护。大小便是照护者必须观察的内容之一，也是婴幼儿健康状况的反映。照护者首先应观察的是婴幼儿大小便的次数、颜色及形状。针对 0～6 月龄的婴儿，可以从以下几个方面展开观察与照护。

（一）0～6 月龄婴儿大便的次数、颜色及形状

大便是否正常是判断婴儿健康与否的重要指标（见图 1-2-9 和图 1-2-10）。

有问题的大便有如下几种。

1. 黏液便

该种大便看上去黏乎乎的，像痰一样。如果婴儿仅出现几次黏液便，饮食和精神状态都正常，没有腹痛，可能是肠道受到轻度刺激后的反应，属于身体的自身调节，无须担心；如果同时还有其他症状，如大便中有血或脓液（腥臭味）、腹痛、腹胀、频繁呕吐、大便中出现黏液的时间超过 2 天等，应及时就医。

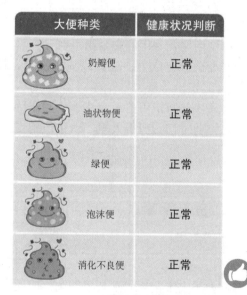

大便种类	健康状况判断
黏液便	不正常
蛋花汤样便	不正常
豆腐渣样便	不正常
鲜红色便	不正常
暗红色便	不正常
黑色便	不正常
灰白色便	不正常

图 1-2-9

大便种类	健康状况判断
奶瓣便	正常
油状物便	正常
绿便	正常
泡沫便	正常
消化不良便	正常

图 1-2-10

2. 蛋花汤样便

该种大便呈黄色，水分多，像蛋花汤一样。如果婴儿精神状态不佳，可能是得了病毒性肠炎，应及时就医。

3. 豆腐渣样便

该种大便为黄绿色带黏液的稀便，有时呈豆腐渣状。可能是婴儿患有霉菌性肠炎，应及时就医。

4. 红色便

红色便有两种，一种为鲜红色便，另一种为暗红色便。前者表明接近肛门的位置出血了，可能是便秘导致大便外包着血，也可能是下消化道出血。后者可能是肠道内有不正常的组织或息肉破溃，也可能是上消化道出血。一旦出现红色便，应及时就医。

5. 黑色便

黑色便表明体内可能出现了高位的消化道出血，血凝固了会变成黑色，应及时就医。

6. 灰白色便

如果婴儿大便呈灰白色，看上去像白陶土，说明婴儿可能存在胆道阻塞，胆汁不能流入肠道，应立即就医。

（二）0～6 月龄婴儿小便的次数及颜色

0～6 月龄婴儿每日的尿液量应为 400～600 mL，小便次数应为 10～15 次，尿液的颜色大多为无色、透明或浅黄色。刚排出的尿液带有淡淡的芳香，放置一段时间后因尿液中的尿素分解为氨，会发出刺鼻的氨味。如果小便颜色较深，排尿次数少，可能是体内缺水，应该及时补充水分。

（三）纸尿裤的选择与更换

选择与更换纸尿裤（见图 1-2-11）时应注意如下事项。

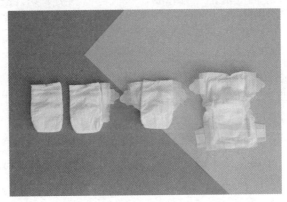

图 1-2-11

（1）照护者应为婴幼儿选用大小合适、质量有保证的纸尿裤。纸尿裤尺码的选择一般应参照婴幼儿的体质量和身形，如果婴幼儿稍胖，那么应该选择大一码的，这样穿上才会较为舒适。此外，应选择吸收尿液快、不回渗、不起坨、轻薄透气的纸尿裤。

（2）照护者应注意观察婴幼儿纸尿裤的显尿标。当纸尿裤的显尿标有 2/3 变色时，就表明需要更换了。当然这不是硬性指标，有时虽然显尿标未达到标量，但是婴幼儿表现出了不舒服，这时照护者也应为其更换纸尿裤。夜间纸尿裤的更换次数应视情况而定，一般为1～2 次。

（3）在婴幼儿大便后，照护者应及时为其更换新的纸尿裤。更换时应做好婴幼儿臀部的清洁工作。可用浸润了温水的棉柔巾擦拭婴幼儿的臀部，并涂抹护臀霜，待完全干燥后再穿新的纸尿裤。

（4）照护者在为婴幼儿更换纸尿裤前应做好个人卫生并准备好常用物品。每次更换纸尿裤时，照护者应先用肥皂洗净双手，以免手上的细菌污染纸尿裤，进而引发婴幼儿皮肤感染；同时应将新的纸尿裤、棉柔巾、护臀霜等放在手边。

二、大小便的清洁

（一）婴幼儿大小便后清洁的重要性

婴幼儿在大小便后，肛周和尿布接触的部位容易滋生细菌，会导致尿路感染等问题。及时进行大小便后的清洁可以有效地清除细菌，降低感染风险；同时还可以保持肛周皮肤的干燥，从而减少尿布疹的发生。

（1）预防细菌感染。婴幼儿的肠道和肛门周围容易滋生细菌，如果不及时清洁，容易导致细菌感染，引发腹泻、肛周炎等疾病。及时清洁可以清除大部分细菌，降低感染风险。

（2）预防尿布疹。长时间穿纸尿裤或用尿布的婴幼儿，如果大小便后不及时清洁，特别是在尿液或大便长时间敷在臀部的情况下，容易引发尿布疹或臀部皮肤问题。及时清洁有助于保持臀部皮肤的清洁和干燥，减少尿布疹的发生。

（3）保护皮肤健康。婴幼儿的皮肤娇嫩，容易受到刺激和感染，大小便后及时清洁可以减少大小便中细菌对皮肤的刺激，有助于保护婴幼儿的皮肤健康。

因此，婴幼儿大小便后的清洁十分重要，不仅可以保护婴幼儿的身体健康，还能让婴幼儿的皮肤更健康。

（二）清洁方法

正确的清洁方法不仅可以预防细菌感染和尿布疹的发生，还有助于保护婴幼儿的皮肤健康。照护者需要认真学习和实践有关的清洁方法，为婴幼儿的健康把关。同时，如果婴幼儿出现皮肤问题，必须及时向医生寻求帮助。

1. 准备工具

准备柔软的湿巾、干巾、温水和盆子，切勿使用含有酒精或香料的湿巾或纸巾。

2. 准备温水

将温水倒入盆中，水温以不烫手为宜。

3. 清洁步骤

（1）使用湿巾轻轻擦拭婴幼儿的肛周和臀部，清除排泄物和细菌。

对于女孩，先用清水从前至后清洗臀部，再用清水冲洗一遍。

对于男孩，先用清水清洗生殖器外围，再清洗侧臀部，最后冲洗肛门。

（2）使用干毛巾将多余水分擦干，保持皮肤干燥。

（3）检查纸尿裤或尿布的状态，如果需要更换，就应立即进行。

4. 注意事项

（1）在清洁的过程中应让婴幼儿的身体侧卧，避免水流入婴幼儿的生殖器。

（2）切勿使用肥皂或沐浴露，以免刺激婴幼儿皮肤。

（3）如果婴幼儿有肛周皮肤问题，建议咨询医生。

婴幼儿大便后，该用水洗还是用纸巾擦?

婴幼儿大便后，该用水洗还是用纸巾擦，这个问题常常成为隔代抚养冲突的矛头。关键应由婴幼儿的喂养方式而定，具体如表1-2-2所示。

表1-2-2　婴幼儿大便后的清洗方法

类型	月龄	大便次数和形状	清洗方法
纯母乳喂养	低月龄	（1）次数比较固定； （2）黄色糊状	用温水浸湿棉柔巾，然后擦拭，待皮肤干燥后再穿纸尿裤或垫上尿布
	月龄稍大	（1）次数比较固定； （2）干燥	直接用温水冲洗
人工喂养或混合喂养		（1）次数少； （2）干燥	用温水冲洗；如果条件不允许，也可以用被温水浸湿的棉柔巾擦拭

婴幼儿大小便后的清洁是一项重要的日常护理工作，它不仅有助于预防细菌感染，还能有效预防尿布疹。因此，照护者在日常育儿过程中应该重视婴幼儿大小便后的清洁工作，并正确操作。在清洁过程中应温柔且有耐心，以提高婴幼儿的舒适度和安全感。

三、纸尿裤的更换

对于许多新手父母来说，照顾婴儿是一项充满挑战的工作，其中为婴儿换纸尿裤或尿布（以下统称尿布）是基本的日常工作之一。对于一些忙碌的父母来说，可能因为工作繁忙而忽略了对婴儿进行回应式换尿布的重要性。据统计，每个婴儿在成长的过程中，大概需要换6000片尿布。因此父母应抓住换尿布的契机，与婴儿进行有效互动，从而与婴儿建立回应式关系。

（一）回应式换尿布

回应式换尿布对于婴儿建立对父母的安全依恋关系，以及培养婴儿对父母的信任至关重要。这种换尿布的方式要求父母注意观察婴儿的排便或排尿情况，以便及时更换干净的尿布，从而保证婴儿皮肤的清洁和干燥，有效预防尿布疹。

1. 回应时间

当婴儿用哭泣、肢体动作、语言等暗示或直接表达他们的感受、需求和情绪时，照护者就要快速给予积极的回应。记住是回应，不是满足。

感受包括哪些呢？如婴儿感觉渴了、饿了、热了、腹痛等。

需求包括哪些呢？如婴儿需要吃奶、解大便、和妈妈互动等。

情绪包括哪些呢？如婴儿不开心了、想妈妈了、害怕了等。

2. 回应方式

首先是互动。描述现在正在做什么，如要来换尿布了，并且要告诉孩子接下来将会发生什么。

其次是等待。照护者描述完之后要等待孩子的回应，同时可以让孩子感受一下正在发生的事情，如让他看看和摸摸尿布，耐心等待他们的回应和配合。

（二）具体操作步骤

1. 物品准备

干纸巾、湿纸巾、干净的尿布、护臀霜或凡士林、用来收集脏尿布的垃圾桶或纸箱。

2. 操作步骤

（1）用湿纸巾轻轻擦拭婴儿的臀部，必须从前向后清洁，避免细菌逆行感染。

（2）用干纸巾将婴儿臀部的水擦干（见图 1-2-12）。

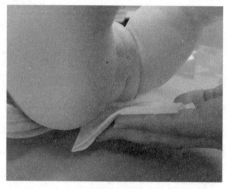

图 1-2-12

（3）打开新的尿布，将其平整地放在婴儿臀部下方，调整位置，使尿布与婴儿的身体贴合（见图 1-2-13）。

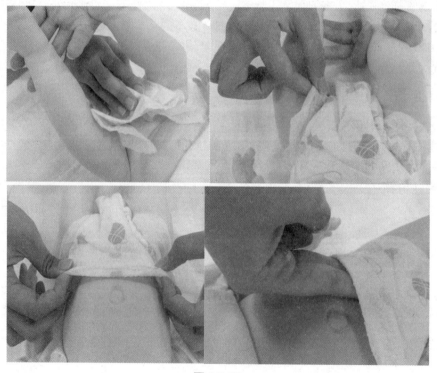

图 1-2-13

（4）脏尿布可以卷好放在垃圾桶或纸箱中（见图 1-2-14），以避免细菌传播。

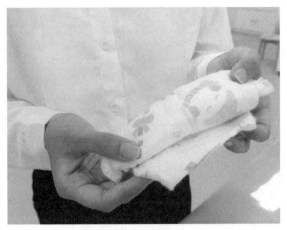

图 1-2-14

（5）在换完尿布后，可以涂抹护肤霜或凡士林来保护婴儿的皮肤。

（三）常见的错误换尿布行为

虽然大多数父母都知道如何换尿布，但一些常见的错误行为可能会对婴儿造成伤害。以下是一些需要改正的错误的换尿布行为。

（1）使用过期的尿布。可能诱发皮肤过敏。

（2）不彻底清洁婴儿的臀部。可能引起细菌感染。

（3）使用过多的护臀霜或凡士林。可能导致皮肤毛孔阻塞。

（4）将脏尿布随意乱放。可能将细菌传播给其他家庭成员。

总体来说，回应式换尿布对于婴儿的健康成长非常重要。它不仅可以保持婴儿皮肤的清洁和干燥及预防尿布疹，还有助于培养婴儿对父母的信任。因此，父母应该掌握正确的换尿布方式，避免常见的错误换尿布行为，以保证婴儿的健康成长。

四、独立如厕指导

对幼儿进行如厕训练是每个照护者的基本工作之一，而幼儿学会如厕则是其成长过程中的一个重要里程碑。对于幼儿来说，掌握如厕的技巧不仅能够提升生活自理能力，还可以预防尿布疹、尿道感染。因此，对幼儿进行如厕训练对培养幼儿的卫生习惯和幼儿的健康成长都非常重要。

（一）如厕物品准备（见图 1-2-15）

1. 如厕训练绘本

准备一些与如厕训练有关的绘本，让幼儿了解上厕所的概念及如何上厕所，为训练幼儿自主如厕做好铺垫。

2. 幼儿专用坐便器

选择一个幼儿专用坐便器可以很大程度解决幼儿如厕困难及无法独立如厕的问题。

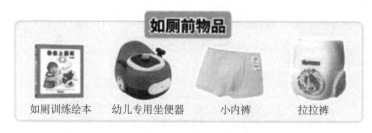

图 1-2-15

3. 小内裤和拉拉裤

在帮助幼儿逐步戒掉纸尿裤的时间段（见图 1-2-16），照护者必须让幼儿穿上小内裤或拉拉裤，切勿让其裸着。

舒适的拉拉裤有助于幼儿穿脱，接近实际的如厕行为，可以作为一个不错的过渡方式。

（二）自主如厕的 8 大信号

1. 规律排便

每天固定时间进行排便。

2. 控制力

尿布干燥时长可以保持在 2 小时以上。

3. 有意识

幼儿大便时，会停下活动，直接蹲下。

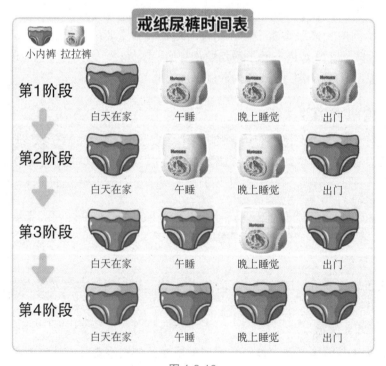

图 1-2-16

4. 有兴趣

对照护者上厕所及坐便器产生兴趣。

5. 能听懂指令

可以领会照护者的指令并照做。

6. 能表达意愿

能够用口头语言或肢体语言表达想上厕所的意愿。

7. 排斥纸尿裤

大小便后会嫌弃纸尿裤不舒服。

8. 会穿脱裤子

可以独自或在照护者指导下穿脱裤子。

（三）如厕训练的注意事项

1. 初步尝试时间

一般开始对幼儿进行如厕训练的时间是 2 岁左右，太早训练没有效果。

2. 最佳训练时间

少数幼儿在 1 岁半时就能够在白天控制大小便了，但多数幼儿是在 2~3 岁时才学会控制大小便的。一般情况下，4 岁左右能够完全戒掉纸尿裤。

3. 挑选好的时机

（1）温度适宜的季节，如春季和夏季。

（2）无出行计划时间段，在家能够完成整个如厕训练过程。

（四）如厕训练的具体方法

1. 照护者现场做示范

幼儿爱模仿，照护者平时上厕所时可以带着幼儿，让幼儿观察如何使用马桶和如何穿脱裤子等。

2. 熟悉专用坐便器

提前准备好幼儿专用坐便器，放在幼儿随时能见到的地方。教幼儿认识坐便器的作用，并鼓励幼儿坐着试试，切勿强迫幼儿。

3. 尝试引导幼儿如厕

若幼儿有如厕信号或到了大小便的时间，可以试着帮其脱下纸尿裤，让其坐在坐便器上如厕。如果成功了应及时鼓励，如果没成功切勿责备。

（五）幼儿便秘

1. 幼儿便秘的判断方法

幼儿是否便秘不是以排便间隔时间为标准来判断的，应以下述这些表现来判断：排便困难；大便有时小而硬，有时粗而硬；烦躁，排便时表情痛苦，甚至哭泣；腹部胀气并有硬块；大便表面有条纹状血，可能是大便较硬引起肛裂而导致的。如图 1-2-17 所示是便秘的几种情况。

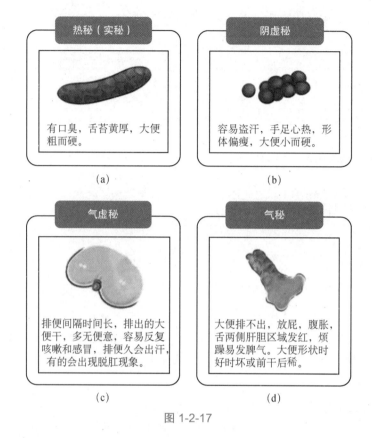

图 1-2-17

2. 幼儿便秘的原因

1）膳食纤维摄入过少

很多幼儿偏爱吃肉，不爱吃蔬菜，所以有些父母就用水果代替蔬菜喂给幼儿，从而导致幼儿食物中的膳食纤维不足。因为膳食纤维可以吸收水分使大便变软，所以摄入不足非常容易导致便秘。

2）饮食不足

幼儿进食太少时，消化后供液体吸收的余渣少，导致大便减少。幼儿所喝的奶中糖量不足时会使肠蠕动变慢，因此会导致大便干燥。长时间饮食不足会引起营养不良，导致腹肌和肠肌张力减弱，甚至萎缩，从而加重便秘。

3）没有习惯性排便

正常情况下幼儿每天排便 1 次。幼儿规律排便需要父母的训练。幼儿养成良好的排便习惯后，就很少便秘了。

4）环境不适应

有些幼儿上幼儿园后，很容易便秘，可能是因为不适应环境，过段时间适应环境后就会好转。照护者应该通过调节幼儿饮食、合理安排幼儿起居让幼儿尽快规律地生活。

3. 幼儿便秘的调理方法

幼儿便秘的调理方法有饮食调理、物理调理和药物治疗等。

1）饮食调理

照护者应注意幼儿的饮食：第一，应让幼儿吃得杂；第二，应避免精细加工和把蔬菜煮得太烂。

如果幼儿是在喝配方奶期间便秘的，那么可以通过给幼儿喝含益生菌的配方奶来调理。1 岁以上的幼儿，每天给其喝点酸奶可以缓解便秘。此外，酸奶比牛奶更容易消化，也是钙的重要来源，还能为幼儿提供益生菌。益生菌能够保持肠道的生态平衡，增加各种消化酶的产生，并能促进肠道有害物质的分解和排泄，全面提高肠道对各种营养物质的吸收。含益生菌的配方奶或酸奶可以使幼儿的肠道更健康。如果需要给幼儿添加益生菌制剂，那么建议在医生的指导下添加。

2）物理调理

如果幼儿的便秘比较严重，那么可以为其做肠胃按摩。肠胃按摩能够刺激肠胃，加快肠道内容物的分解和吸收，帮助减轻大便干燥及排便困难等症状。幼儿便秘常用的推拿方法有清大肠、按揉大肠俞、分推腹阴阳和摩腹，具体如下。

（1）清大肠（见图 1-2-18）。用拇指指腹从幼儿虎口直推至食指指尖，推约 100 次。该方法能够清热泻火，调理便秘。

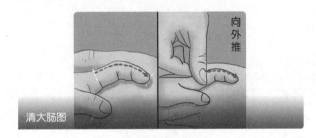

图 1-2-18

（2）按揉大肠俞（见图 1-2-19）。大肠俞穴位于幼儿的第 4 腰椎棘突下，脊柱正中线旁开 5 厘米处，穴位左右各一个。用两手拇指指腹按揉大肠俞穴约 100 次，能够通降肠腑，理气通便。

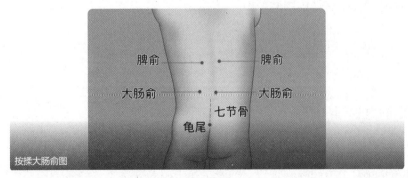

图 1-2-19

（3）分推腹阴阳（见图 1-2-20）。腹阴阳穴位于幼儿腹部剑突至平脐处，双手拇指从剑突开始分别向两边推，边推边向下移动，直到与肚脐位置持平为止，推约 100 次。该方法能够调理脾胃，润肠通便。

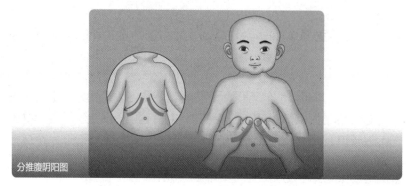

图 1-2-20

（4）摩腹（见图 1-2-21）。将整个手掌面轻贴在幼儿的腹部，以肚脐为中心做环形按摩，顺时针、逆时针各按摩 100 次。该方法可以调理脾胃，润肠通便。

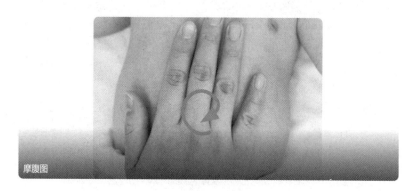

图 1-2-21

3）药物治疗

如果便秘比较严重，可以外用开塞露，以起到润滑大便的作用，从而使大便干燥及排便困难的症状得到改善。在有必要的情况下，谨遵医嘱内服调理肠道内菌群的药物，如枯草杆菌三联活菌片、双歧杆菌四联活菌片等。

第三节　婴幼儿睡眠照护

一、婴幼儿睡眠指导

（一）识别婴幼儿的困倦信号

每个婴幼儿都有自己的睡眠规律，但对于新手照护者来说，较难直观地识别婴幼儿的困倦信号。虽然打哈欠是困倦的经典信号，但是对于婴幼儿，还有许多其他信号表明他们需要睡觉（见表 1-2-3）。

婴幼儿困倦信号的识别见表 1-2-3。

表 1-2-3　婴幼儿困倦信号的识别

哄睡难度	困倦信号	具体表现
1 级，最佳睡眠时间	目光呆滞	眼睛总盯着一个地方发呆，甚至还会有一些发红
	面部表情木讷	面部表情木讷，反应越来越迟钝
	肢体动作和语言减少	肢体动作和语言开始减少，对周边的事物没有太大的兴趣
2 级，不易哄睡	烦躁不安	情绪开始变得烦躁不安，打哈欠、揉眼睛
3 级，精疲力竭	大哭	哭闹，甚至满地打滚

除了如表 1-2-3 所示的信号，不同月龄婴儿的睡觉时间和清醒时间都是一定的。如果照护者在短时间内无法掌握婴儿困倦的信号，也可以通过以下数据进行分析。

（1）新生儿清醒时间为 45 分钟～1 小时。

（2）2～3 月龄婴儿的清醒时间为 1～2 小时。

（3）4～6 月龄婴儿的清醒时间为 1.5～2.5 小时。

（4）7～9 月龄婴儿的清醒时间为 2～3 小时。

（5）10～12 月龄婴儿的清醒时间为 2.5～4 小时。

当婴儿清醒时长快超过上述数据时，可以适时安抚婴儿入睡，但上述数据仅供参考。如果婴儿的精神状态好，那么其清醒的时间可能会延长，因此照护者更多时候需要根据婴儿的精神状态来判断其是否困倦。

（二）帮助婴幼采用正确的睡姿

宝宝正确的睡姿包括仰卧、侧卧和俯卧，各种睡姿应交替使用，以避免光线总是从同一角度吸引宝宝的视线。

1．仰卧

仰卧是最常见和被广泛使用的一种睡姿（见图 1-2-22）。其优点是：宝宝的头部可以自由转动，呼吸也比较顺畅；能使宝宝全身肌肉放松，对心肺、肠胃和膀胱等脏器的压迫最小。

2．侧卧

侧卧能使宝宝肌肉放松，延长睡眠时间和提高睡眠质量（见图 1-2-23）。其中右侧卧不仅能避免心脏受压，还能改变咽喉软组织的位置而使呼吸顺畅，此外还能使胃里的食物顺利进入肠道。让宝宝采用侧卧睡姿时，应注意左右交替进行，同时照护者可以用小被子或毛巾等垫在宝宝后背，帮助其侧卧。

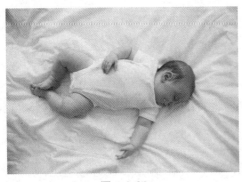

图 1-2-22

图 1-2-23

3. 俯卧

俯卧对重要器官无过分压迫，有利于肌肉放松（见图1-2-24）。俯卧时脊柱略微弯曲，肩膀前倾，两腿弯曲，双臂也自由放置，全身肌肉处于最大限度的松弛状态，血液循环通畅。这种睡姿不但可以使宝宝睡得安稳，而且睡后精力充沛、心情愉快。

图1-2-24

（三）分房睡

1. 分房睡的时间

幼儿在3岁左右时可以开始与父母分房睡，但不是所有3岁的幼儿都具备独睡的能力。有些幼儿的适应能力和独立性很强，他们甚至渴望拥有自己的小房间，然后独睡；有些幼儿的心理承受能力差，身体素质也不是很好，他们会害怕跟父母分开睡。所以，幼儿与父母分房睡的时间应根据幼儿的发育情况及幼儿的意愿确定。

2. 分房睡的信号

1）有男女意识

当幼儿的男女意识明显增强，甚至还会提出很多父母不知道如何回答的两性问题时，父母就可以考虑与幼儿分房睡了。

2）喜欢独处

幼儿有时喜欢独自待在卧室或家里的其他角落做一些自己喜欢的事，这说明幼儿已经具备独睡的能力。此时父母可以安排与幼儿分床或分房睡的事宜。

3. 培养幼儿独睡的方法

1）固定睡眠时间

一般幼儿没有固定的睡眠时间，应有意识地培养幼儿在固定的时间入睡。如洗完澡就应让幼儿准备入睡，同时也应为幼儿提供安静舒适的睡眠环境。待幼儿适应环境后，可尝试让幼儿独睡。

2）增强安全感

幼儿睡前可以在幼儿身边放置安抚物，以增强幼儿的安全感，为幼儿营造一个放松、稳定的入睡情绪氛围，从而帮助幼儿自主入睡。

3）培养独自入睡意识

应减少睡前肢体接触性的安抚，如抱着哄睡和摇晃哄睡等，因为这些易造成幼儿对父母的过分依赖。可以通过讲睡前故事或日常沟通等方式，帮助幼儿形成自主入睡的意识，培养幼儿独自入睡的习惯。

4）循序渐进

幼儿从小一直与父母一起睡，如果突然与父母分开睡就会不习惯，甚至觉得自己被父母遗弃了。所以，分房睡不能操之过急，而应采取循序渐进的方式。先从分床睡开始，再慢慢过渡到分房睡，给幼儿更多的适应时间。分床睡之前，可以给幼儿一些心理暗示，如可以通过阅读图画书让其了解分床睡的好处。同时，邀请幼儿一起挑选小床，并且准备好其喜欢的玩具，这样可以增强其安全感。

二、常见睡眠问题的应对

（一）抱着睡觉

1. 抱着睡觉的原因分析

宝宝一放就醒，可能的原因分析如下。

1）宝宝的内耳前庭发育滞后

如果放宝宝到床上时是先将其头向下放到枕头上的，那么对于内耳前庭发育滞后的宝宝会感觉自己的身体失去了平衡，便会立刻醒来。

2）宝宝的脊柱受到了刺激

照护者如果一手托着宝宝的头颈部，一手托着其腰臀部将其放到床上，那么宝宝的脊柱很容易受到托着腰臀部那只手的刺激而醒来。另外，如果宝宝在浅睡眠时是臀部先着床，那么宝宝会因脊柱受到第二次刺激而醒来。

3）宝宝的身体不够放松

宝宝出生满 3 月龄后身体会放松很多，但如果照护者总是抱着宝宝或包裹着他们，他们的身体就很难放松。由身体紧张导致的睡眠问题可能会伴随他们很长时间。

4）宝宝的触觉和空间感觉发生了变化

当照护者把宝宝放下或离开宝宝时，触觉较敏感的宝宝能迅速感觉到照护者的体温不在了，或者原本让宝宝感觉安全的空间变大了。这些细微的变化都会让宝宝立刻惊醒。

2. 纠正宝宝抱着睡觉习惯的方法

1）包入襁褓

0～3 月龄宝宝抱着睡觉的现象很普遍，特别是新生儿，照护者可以用将宝宝包入襁褓的方法来代替抱睡（见图 1-25）。这样能给宝宝带来安全感，此时配合其他哄睡方法，宝宝一般能很快安然入睡。

2）利用白噪声

可以在宝宝耳边发出"shishi"或"xuxu"的声音，吹口哨也可以，必要时可与轻拍和轻摇配合使用。白噪声模拟了宝宝在妈妈子宫内的声音，能够给宝宝安全感，帮助宝宝舒缓不安情绪；同时它能够掩盖宝宝睡眠环境中的其他噪声，让宝宝睡得更快更香。

3）将睡眠和床联系在一起

做好睡前准备工作，给宝宝营造一个安静舒适的睡眠环境。对于小月龄（3 月龄以下）宝宝，可以在宝宝困得迷迷糊糊时把宝宝放到床上，妈妈睡在宝宝身旁，用手搂着宝宝的身体安抚宝宝入睡，让宝宝以为还在妈妈怀抱中。经常这样做，可以让宝宝把睡眠和床（而不是妈妈）联系在一起。

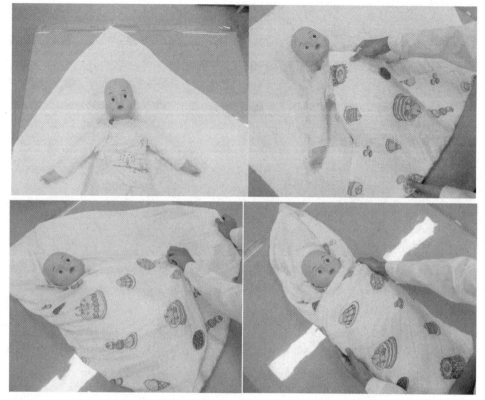

图 1-2-25

4）睡前抚触

在宝宝睡觉前，给宝宝从头到脚做一遍抚触，可以帮助宝宝放松全身。抚触不仅有利于宝宝的身体健康，还有利于建立良好的亲子关系。妈妈温柔地抚触宝宝的身体，可以让宝宝感到放松和舒适，这样宝宝就更容易入睡。

5）呼吸引导法

妈妈将宝宝放到床上后，不是马上离开，而是将脸靠近宝宝的耳边，舒缓地呼吸，让宝宝感受妈妈的温度和呼吸，这样宝宝会觉得很踏实，再配合轻拍，宝宝很快就会入睡。

6）逐步放下法

对于放到床上容易醒的宝宝，切勿即刻把宝宝的整个身体放到床上，应该慢慢放下。例如，妈妈可以托着宝宝的头和肩膀，先把宝宝的腰臀部和腿放到床上（见图 1-2-26），这时宝宝可能会有反应，妈妈可以轻拍安抚一下宝宝，待其安静下来后，妈妈再轻轻地将手抽出来拍一拍（见图 1-2-27），配合呼吸引导法，一般能使宝宝很快入睡。

（二）捂热综合征

2019 年年初，浙江嘉兴一对新手父母因为害怕宝宝晚上睡觉冷，就把刚满百天的宝宝放入他们的被窝一起睡。但由于被子厚、捂得又紧，加上两个成人散发的热量，使被窝内的温度过高，导致宝宝出现了捂热综合征。等到发现时，宝宝已经失去了心跳。

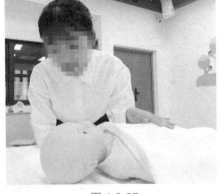

图 1-2-26　　　　　　　　　　　　　　　　图 1-2-27

　　这件事戳痛了很多人的心。冬天担心宝宝冷就加几层被褥，或者和大人同被窝睡，出门担心宝宝着凉就裹得里三层外三层等，这些事在日常生活中太常见了，常见到足以让照护者忽视了其中暗藏的危险。婴幼儿，尤其是 1 岁前的婴儿，体温调节中枢功能尚未健全，每天产热量大，但散热慢，如果再被厚厚的被褥包裹，身体散热就会变得更加困难。由于宝宝太小了，还不具备蹬掉被褥的能力，更不会向外界求救。若此时照护者完全没有注意到宝宝正在遭受过高温度的折磨，就会造成悲剧。

　　1. 捂热综合征的定义

　　捂热综合征（又称蒙被缺氧综合征）是照护者担心婴儿着凉，过度给婴儿保暖并长时间捂闷婴儿而引起婴儿缺氧、高热、大汗、脱水、抽搐昏迷，甚至呼吸衰竭的一种冬春季常见急症。1 岁以内的婴儿，特别是新生儿，若不注意科学照护，最易诱发此症（见图 1-2-28 和图 1-2-29）。

图 1-2-28

　　2. 捂热综合征的具体表现

　　1）身体发热和脸部发红

　　在婴儿睡觉时，若发现其身体发热、脸部发红，照护者应注意婴儿是否穿得太多或所盖被子是否太厚。

图 1-2-29

2）身上出汗

若婴儿的颈部和背部摸上去有汗，则表明穿得太多或盖得太厚。

3）嗜睡和脸色发白

新生儿嗜睡，一旦出现捂热综合征，就容易出现昏迷的情况。如果照护者发现新生儿睡觉时脸色发白，就应注意了。

4）呼吸急促和胸部起伏大

新生儿不会说话，判断其睡觉时有没有异常情况，可以听呼吸声，如果呼吸急促和胸部起伏较大，就必须注意了。

3. 处理捂热综合征的方法

（1）婴儿的体温调节能力比较差，如果冬季北方供暖后室内太干燥，可以适当使用加湿器。

（2）婴儿的保暖方式和成年人基本一样，按照成年人的标准给婴儿增添衣物就行。此外，只要婴儿的颈部和背部是温热干燥的，就不需要添加衣服。

（3）婴儿床上切勿堆积太多物品，多余的被子、枕头、毛绒玩具等都有可能捂住婴儿的头部，发生危险。

（4）切勿让婴儿与父母同睡，这不仅有引发婴儿捂热综合征的风险，还有误压婴儿口鼻而致其窒息的风险。

（5）切勿给婴儿使用电热毯或热水袋，持续的供暖可能会造成危险。

（6）婴儿发热时，反而应适当少穿、少盖，并保持室内通风。必要时应在医生指导下用药退烧，而不是通过捂汗退烧。

【实训卡片】

东东，2岁，男，牙齿已经长齐了，平时在家里都是父母帮助他清洁牙齿。现在东东需要去托幼机构生活了，父母想教会东东自己刷牙。东东在练习刷牙时经常会弄疼自己和弄湿自己，父母比较着急，请求托幼机构照护者给予指导。

任务：作为照护者，请完成幼儿刷牙指导，具体参见表1-2-4。

表 1-2-4　幼儿刷牙指导

步骤	项目	内容
评估	照护者	着装整齐，适宜组织活动；普通话标准
	环境	环境干净、整洁、安全，充满童趣，适宜幼儿活动
	物品	儿童牙刷、儿童牙膏、儿童漱口杯、毛巾、洗手液、适量温水、记录本、笔
	幼儿	经评估，幼儿精神状态良好、情绪稳定，适合开展活动
计划	三维目标	(1) 认知目标：知道刷牙的重要性； (2) 能力目标：掌握正确的刷牙步骤和方法； (3) 情感目标：培养幼儿养成爱护牙齿的良好习惯
	活动过程	(1) 将牙刷用温水浸泡_____分钟； (2) 取适量牙膏置于牙刷上； (3) 手握牙刷柄后_____； (4) 先刷_____，再刷_____及下牙表面、_____、_____，最后刷_____； (5) 用温水_____数次，直至牙膏泡沫完全清洗干净； (6) 擦洗幼儿嘴角及面部
评价	活动评价	(1) 记录课堂中每个幼儿的表现并进行评估； (2) 与家长沟通幼儿表现，并进行个别指导
	整理	整理物品，安排幼儿休息

【跟踪练习】

1. 关于婴儿独自入睡，以下哪项描述是错误的？（　　　）

A. 识别婴儿困倦的信号有助于安排入睡时间

B. 仰卧或侧卧有助于婴儿呼吸顺畅

C. 婴儿应在出生后立即与父母同房不同床

D. 适当的安抚有助于婴儿更快地入睡

2. 当婴儿有抱着睡觉的习惯时，以下哪种做法是错误的？（　　　）

A. 逐步减少抱着睡觉的时间和频率，以帮助婴儿适应其他入睡方式

B. 在婴儿耳边轻轻地说话或播放白噪声以安抚其入睡

C. 让婴儿完全清醒后再尝试放入婴儿床中

D. 使用包裹式的睡袋来模拟怀抱的感觉

3. 关于捂热综合征，以下哪种描述是正确的？（　　　）

A. 这是婴儿常见的一种睡眠问题，表现为难以入睡

B. 由于婴儿的体温调节能力较弱，过厚的被子可能导致体温过高

C. 当婴儿出现捂热综合征时，应立即减少衣被以降低体温

D. 捂热综合征通常发生在婴儿突然睡醒时

4. 关于培养婴儿独自入睡的方法，以下哪种描述是错误的？（　　　）

A. 建立固定的睡前仪式有助于安抚婴儿的情绪

B. 安静和黑暗的环境有助于婴儿更快地入睡

C. 在婴儿入睡的过程中应全程抱着或拍着

D. 使用轻柔的语言和抚触进行安抚有助于婴儿入睡

5. 关于何时与婴儿分房睡，以下哪种描述是正确的？（   ）

A. 分房睡应在婴儿出生后立即开始，以培养其独立性

B. 分房睡应在婴儿会爬行后开始，以降低安全风险

C. 分房睡应根据婴儿的具体情况而定

D. 分房睡不利于亲子关系的建立，因此不建议实施

答案：C，C，B，C，C。

【项目小结】

通过本次学习，我们掌握了婴幼儿照护的关键知识和技能，如母乳喂养可以增强婴幼儿免疫力，促进母婴感情，而人工喂养则灵活方便，可以确保营养均衡；辅食添加应循序渐进；正确的拍嗝可以缓解婴儿不适；胀气可以通过物理护理和饮食护理等方式缓解；水杯饮水可以培养婴幼儿自主饮水的习惯等。此外，基于婴幼儿营养需求制定进食指南，可以为婴幼儿健康成长保驾护航。

项目二　婴幼儿安全照护

【课前预习】

扫码观看视频，了解婴幼儿常见的意外伤害应急处理方法，并思考自己是否存在可能对婴幼儿造成伤害的举动，或者是否有可以改进的地方。

心肺复苏技术

【知识导航】

【素质目标】

（1）树立正确的健康观念，保障婴幼儿的健康成长；
（2）培养安全意识，重视婴幼儿的安全防护工作。

【学习目标】

（1）熟悉婴幼儿日常保健的基本知识和技能；
（2）了解不同年龄段婴幼儿的身心发展特点和需求；
（3）掌握婴幼儿常见病的预防及护理方法。

【技能目标】

（1）能够对婴幼儿的生长发育情况进行观察与测量，并且能够及时发现异常情况；
（2）能够对婴幼儿的心理问题和行为问题进行初步的评估与指导；
（3）具备良好的观察和沟通能力，能够与家长及其他教育工作者进行有效的交流和合作。

任务一 传染病预防与急症处理

【情境导入】

阳光幼儿园原本是一个充满欢声笑语的地方，但最近幼儿园里的小朋友们接二连三地出现了发热、咳嗽、腹泻、呕吐等症状。幼儿园的小明也病了，他和妈妈讲，班上的同学都叫他"病原体"，说是他把病传染给大家的。

为什么幼儿园中会有这么多小朋友同时生病？这真的是简单的巧合吗？

面对这一情况，园长迅速与当地卫生部门联系，并请来了儿科医生和传染病专家进行调查。经过详细的诊断和调查，医生们发现，这次的小病潮是由一种肠胃型感冒引起的。这种疾病的传播速度较快，尤其是在人群密集的地方，如幼儿园。

园长意识到这次事件是一次健康教育的好机会，于是决定组织一次全园的健康讲座，邀请专家为小朋友们和家长们讲解传染病的知识，并教会他们预防和控制传染病的方法。

园长还特别强调："面对传染病，大家不应该恐慌，而应该科学地认识它、预防它；只要大家掌握了正确的预防知识，幼儿园的生活可以更快乐、更健康。"

问题：

（1）什么是传染病？

（2）传染病是如何传播的？

（3）如何预防和控制传染病？

（4）在家中或幼儿园中，应该帮助小朋友们养成哪些良好的卫生习惯？

【任务学习】

婴幼儿正处于生长发育高峰期，对外界环境的适应能力和某些致病微生物的免疫能力都比较差。在托幼机构中，小朋友之间接触频繁，一旦出现传染病，就容易流行。因此，预防传染病的发生和流行是托幼机构保健工作的一项重要工作。

第一节 传染病概述与预防重点

一、传染病的基础知识

传染病是由病原体（细菌、病毒、寄生虫等）侵入机体引起的，能在人与人、动物与动物或人与动物之间相互传染的疾病。传染病在一定条件下会在人群中相互传播。由于婴幼儿免疫系统发育不完善、免疫能力差，因此更容易受传染而致病。

（一）传染病的基本特征

1. 有病原体

传染病是由病原体引起的一类疾病。病原体是指人体外环境中一些能侵袭人体的微生物，主要有细菌、病毒、原虫、蠕虫等。每种传染病都有其特异的病原体，如麻疹的病原体是麻疹病毒，结核病的病原体是结核杆菌等。

2. 传染性

所有传染病都具有一定的传染性，可以在人与人、动物与动物及人与动物之间传播，其传染性强度与病原体的种类、数量、毒力、易感者的免疫情况等有关。

3. 免疫性

传染病痊愈后，人体对该传染病病原体产生不感受性，称为免疫。大多数患儿在传染病痊愈后，可获得一定程度的免疫力。不同传染病痊愈后的免疫状态有所不同：有的传染病患病一次后可终身免疫，如麻疹、水痘等；有的可能再度感染，如流感。

4. 规律性

传染病的病程具有一定的规律。每种传染病从发生、发展到恢复，大致需要经历以下4个时期。

1）潜伏期

自病原体侵入人体至出现症状的这段时间，称为潜伏期。大多数传染病的潜伏期只有几天；有的数月，如狂犬病；有的长达数年、数十年，如麻风病。

2）前驱期

前驱期是指从发病至出现临床症状的时期。在潜伏期末至发病期前，会出现某些临床不适症状，如乏力、头痛、发热、食欲不振等，时间较短，一般1～2天，易被忽视和误诊。有的传染病发病急骤，没有前驱期。传染病在前驱期已具备传染性。

3）发病期

发病期是指传染病的发病症状由轻到重、由少到多，迅速达到高峰的时期。多数传染病在发病期会有发热症状，通常不同传染病的发热持续时间各不相同。

4）恢复期

恢复期是指病原体在人体内完全或基本消失，临床症状逐渐消失，病变修复，免疫力提高的时期。但在恢复期，有的传染病的病情会恶化或发生并发症，如在猩红热恢复期可能会并发急性肾炎，在水痘恢复期可能会并发心肌炎等。所以在恢复期仍需要加强护理，直至完全康复。

（二）传染病流行的要素

传染病在人群中流行需要传染源、传播途径和易感者3个要素，缺少了其中任何1个要素都不能形成流行。当传染病流行时，切断其中任何1个要素，流行即可终止。

1. 传染源

传染源是指被病原体感染的人或动物，主要包括以下3类。

1）传染病患者

传染病患者是指感染了病原体，并表现出一定症状或体征的人。同时，传染病患者又是大多数传染病的传染源。传染病患者排出病原体的时期是传染期，可以根据某种传染病的传染期确定患者的隔离期。

2）病原携带者

病原携带者是指无传染病症状，但能排出病原体的人或动物。通常在传染病的潜伏期或恢复期病原携带者仍会排出病原体。病原携带者因无症状而不被注意，且可自由行动，故其作为传染源的作用不容忽视。

3）受感染的动物

以动物为传染源传播的疾病，称为动物源性传染病，如狂犬病、流行性乙型猪脑炎等。受感染的动物就是此类传染病的主要传染源。

2．传播途径

病原体从传染源传给易感者，在外界环境所经历的全部过程称为传播途径。不同传染病有不同的传播途径。传播途径主要包括以下几种。

1）飞沫传播

飞沫传播是指传染病患者或病原携带者咳嗽、打喷嚏时喷出的含有病原体的飞沫，被易感者吸入体内形成了新的感染。飞沫传播是呼吸道疾病的主要传播途径，这种传播多发于冬春季，且幼儿最易受感染。

2）食物或水传播

食物或水传播是指一些食物或水被病原体污染，经口腔进入易感者体内形成的感染。常见的有甲型肝炎、血吸虫病、钩端螺旋体病等。

3）接触传播

接触传播包括直接接触传播和间接接触传播。

（1）直接接触传播是在没有任何外界因素作用下，易感者与传染源直接接触而引起的疾病的传播，如狂犬病、鼠咬热等。

（2）间接接触传播又称日常生活接触传播，是指易感者接触了被传染源的排泄物或分泌物污染的物品，如毛巾、餐具、门把手等而引起的疾病的传播。间接接触传播与职业和个人卫生有关，食堂工作人员、保育员等尤其应该注意个人卫生。幼儿园应该严格执行消毒制度，减少疾病传播的机会。

4）虫媒传播

虫媒传播是指昆虫作为病原体媒介进入易感者体内引起的疾病的传播。经虫媒传播的传染病有流行性乙型脑炎、鼠疫、疟疾等，发病率会在该媒介昆虫增多的季节上升。

5）土壤传播

土壤传播是指寄生虫卵或细菌等随人的粪便进入土壤，人接触土壤后，病原体通过人的口腔进入人体，或者土壤中的寄生虫经人的皮肤钻入人体（如钩虫病）而引起的疾病的传播。土壤传播与病原体在土壤中的存活力、人与土壤的接触机会及个人的卫生习惯等有关。

6）医源性传播

医源性传播是指医务人员在检查、治疗和预防疾病时或在实验操作过程中引起的疾病的传播，如带有乙型肝炎病毒的血液会经过输血传播。

7）母婴传播

母亲和婴儿接触密切，一方可将疾病传染给另一方。母婴传播包括胎盘传播、分娩损伤传播、哺乳传播和产后接触传播4类。

3. 易感者

易感者是指对某些传染病缺乏特异性免疫力、容易感染的人群。易感者如果暴露于某种传染病的传染源中，就容易感染该病。人群的易感性决定于人群中每个人的免疫状态。人群中对某种传染病的易感者越多，发生该传染病流行的可能性就越大，如幼儿园中的幼儿就是多种传染病的易感者。

二、婴幼儿预防传染病的重点

消灭和控制传染病的流行，必须坚持贯彻"预防为主"的方针。预防措施主要包括以下几种。

（一）控制传染源

早发现患者及病原携带者可以有效控制传染病的传播。对患者必须做到早发现、早隔离和早治疗，以防止传染病在易感人群中传播。幼儿园应该完善并坚持执行健康检查制度，做好幼儿晨间检查和全日健康观察工作，在传染病流行期间的检查应更全面、更细致。

（二）切断传播途径

切断传播途径是起主导作用的预防措施。不同传染病的传播途径不同，采取的措施也不同。对于呼吸道传染病除隔离外，还应通过湿式清扫来防止尘土飞扬，以及采用紫外线照射或蒸汽对空气进行消毒以消灭空气中的病原体。对于肠道传染病应做好隔离工作，对呕吐物必须经过严格的消毒处理，并加强对饮食、水源和粪便的管理。

（三）提高易感者的抵抗力

对于婴幼儿来说，防止病原体传播的重要手段是提高婴幼儿的抵抗力。具体措施包括以下几方面。

1）养成良好的习惯

在日常生活中养成良好的卫生习惯；在传染病流行时期尽量少去或避免去公共场所；合理搭配婴幼儿的膳食；加强体育锻炼，提高机体的抵抗力。

2）做好预防接种工作

预防接种是预防传染病发生和流行的有效措施。婴幼儿是预防接种的重点对象，应积极对婴幼儿实施计划免疫。通过系统、有计划、有组织地预防接种，可以控制和消灭传染病，提高婴幼儿的抵抗力。

（四）加强卫生教育

加强卫生教育也是预防传染病的重要措施之一。家长和幼儿园应该定期对幼儿进行传染病预防知识教育，让他们了解传染病的危害和预防措施，增强他们的卫生意识和自我保护能力。同时，应该教育幼儿在日常生活中保持环境卫生，养成良好的卫生习惯，如勤洗手、不随地吐痰等。

（五）建立健康档案

建立健康档案也是预防传染病的重要措施之一。家长和幼儿园应该为每个幼儿建立健康档案，记录幼儿的出生日期、健康状况、疫苗接种情况等信息。这样，一旦出现传染病疫情，可以迅速确定易感人群，采取有效的防控措施。

（六）提高免疫力

良好的卫生习惯、适量的锻炼、合理的饮食、充足的睡眠等除了可以提高婴幼儿的抵抗力，也有助于提高其免疫力，降低其感染传染病的风险。对于体质较弱的婴幼儿，可以考虑在医生的指导下使用一些免疫增强剂或中药调理身体，以提高免疫力。

总之，预防婴幼儿传染病需要家长、幼儿园和社会各方面的共同努力。只有加强卫生管理、提高抵抗力和免疫力、减少暴露于传染源的机会，才能有效地预防和控制婴幼儿传染病的传播。

三、婴幼儿常见的传染病

（一）流行性感冒

1. 病因

流行性感冒简称流感，是由流感病毒引起的一种常见的急性呼吸道传染病。流感患者是流感的主要传染源，通过咳嗽、打喷嚏等方式排出病毒，经飞沫传播。该病病毒易发生变异，传播力强。该病四季均会流行，大多在冬末春初暴发，多见于 6 月龄以上的婴幼儿，发病率及死亡率极高，愈后免疫力不持久。

2. 症状

流感潜伏期一般为数小时至 2 天。发病急，患儿会出现高热、寒战、头痛、咽痛、乏力、眼球结膜充血等症状。婴幼儿的年龄不同，患流感时的症状也不同：新生儿表现为突然高热或体温不升，拒乳、不安，然后鼻塞、流涕；幼儿流感与其他呼吸道感染相似，不易区分，炎症涉及上呼吸道、喉部、气管、支气管、毛细支气管及肺部。

发病 1～2 天后会出现咳嗽、气喘等症状，3～5 天可退热，重症 10 天左右。部分患儿有明显的神经系统症状，如嗜睡、惊厥等。此外，易并发中耳炎。

3. 护理

（1）高热时应卧床休息，保证充足的睡眠。
（2）室内经常开窗通风，保持空气新鲜。
（3）多饮水和多吃富有营养且易于消化的食物。
（4）对于高热患儿可采用药物降温法和物理降温法适当降温。

4. 预防

（1）加强婴幼儿的户外体育锻炼，让婴幼儿多参加户外活动，以提高婴幼儿的抵抗力。

（2）居室应定期消毒，活动室内的空气应保持新鲜。

（3）流感流行期间，尽量不带婴幼儿去公共场所，避免感染。

（4）秋冬季节气候多变，应及时给婴幼儿增减衣服，平时让婴幼儿多喝开水，且饮食应清淡。

（5）每年10月中旬～11月中旬，可接种1次流感疫苗，以预防流感。

（二）手足口病

1. 病因

手足口病是由多种肠道病毒感染引起的婴幼儿常见传染病，多发年龄为5岁以下，1～2岁的发病率最高。每年自3月下旬开始，手足口病疫情逐渐上升，4～6月进入高发期。

2. 症状

手足口病通常病情较轻，呈自限性，7～10天病程后可完全康复。发病初期有发热、食欲不振、疲倦或咽喉痛等症状。发热1～2天后，在舌头、牙龈、两颊内侧等口腔部位会出现疱疹，痛感明显。这些疱疹初期为细小红点，后期会形成溃疡。另外，多数患儿手掌、脚底会出现皮疹，皮疹通常不痒，其他部位如臀部、膝盖、肘部、躯干等也可能出现皮疹，见图2-1-1。部分病例无发热症状。

只有少数患儿的病情会快速恶化，累及脑部、肺部和心脏而出现严重的并发症，如脑炎、脑干脑炎、急性弛缓性麻痹、肺水肿、肺出血、心肺功能衰竭等。

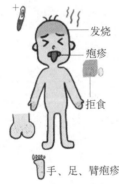
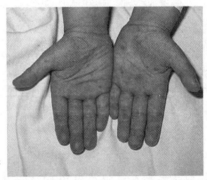

图2-1-1

3. 护理

（1）患儿发热时应卧床休息，防止因过度疲劳而降低机体抵抗力。

（2）鼓励患儿多饮水和多吃有营养且易消化的流质或半流质食物。

（3）餐后应让患儿漱口，保持口腔清洁。

（4）保持皮疹部位、衣服、被褥清洁，防止患儿抓破皮疹。

4. 预防

（1）培养幼儿良好的卫生习惯，如勤洗手、不喝生水、不吃生冷食物等。

（2）轻症患儿不必住院，可在家中治疗、休息，避免交叉感染。

（3）平时加强幼儿的体质锻炼，提高其身体的抵抗力。

（4）托幼机构应做好物品的消毒，加强晨检和午检。

知识链接

1. 手足口病的传播

手足口病主要通过密切接触患者的粪便、疱疹液、鼻咽分泌物、唾液，和通过接触被患者污染的毛巾、牙杯、玩具、餐具、奶瓶、床上用品等物品或环境而感染。患者发病后第 1 周传染性最强。

手足口病绝大多数患者会对感染过的肠道病毒血清型产生保护性抗体，因此，感染同一肠道病毒血清型而重复发病的概率较低。但多种肠道病毒血清型均可引起手足口病，且相互之间无交叉保护，因此同一婴幼儿可能因感染不同肠道病毒血清型而多次得手足口病。

2. 手足口病患儿居家治疗或隔离时的注意事项

（1）健康监护。患儿居家隔离治疗期间，家长及照护者应密切观察病情。如果出现持续高热、精神萎靡、昏睡或肢体颤抖抽搐等症状，就有可能在短期内发展为重症，应立即送患儿到医院就诊。

（2）居家消毒。每天清洁患儿接触的家具、玩具、地面等，且每周用含氯消毒剂消毒 2~3 次。患儿的分泌物、呕吐物或排泄物及被其污染的物品或环境，清洁后应及时用含氯消毒液擦拭或浸泡消毒，30 分钟后再用清水擦拭或冲洗干净。

（3）做好隔离。居家隔离时限为患儿全部症状消失后 1 周。在此期间切勿带患儿去幼儿园和人群聚集的公共场所。

3. 手足口病的后遗症

轻症手足口病患儿和并发无菌性脑膜炎的患儿可完全康复；并发脑干脑炎、急性弛缓性麻痹、肺水肿、肺出血、心肺功能衰竭的重症患儿可能会留下肢体无力、肌肉萎缩、小脑功能障碍、神经发育迟缓、吞咽困难等后遗症；极少数危重患儿可能会因救治不及时而死亡。

4. 手足口病的预防

保持良好的个人卫生和环境卫生可以预防手足口病，具体包括以下几点：

（1）注意手的卫生，尤其在触摸口鼻前、进食或处理食物前、如厕后、接触疱疹或患儿的呼吸道分泌物后、更换尿布或处理被大便污染的物品后，应该用清水和洗手液或肥皂洗手。

（2）打喷嚏或咳嗽时用手绢或纸巾遮住口鼻，随后将纸巾包裹好丢入有盖的垃圾桶。

（3）不与他人共用毛巾或其他个人物品。

（4）避免与患儿密切接触。

（5）经常清洁常接触的物品或物体表面，如玩具、家具等，清洁后用含氯消毒液进行擦拭或浸泡消毒，30 分钟后再用清水擦拭或冲洗干净。

（6）用一次性毛巾或纸巾清理患儿的鼻咽分泌物、呕吐物、大便等，并及时消毒被上述分泌物或排泄物污染的物体表面或环境。

（7）手足口病流行期间尽量避免带幼儿参加集体活动。

（三）麻疹

1. 病因

麻疹是由麻疹病毒引起的急性传染病，传染性极强。麻疹病毒大量存在于患者的血液、眼和鼻的分泌物及大小便中，主要经飞沫传播。麻疹病毒离开人体后，生存能力不强，在流动的空气中或太阳暴晒半小时就可被杀死。四季均可发病，多发于春季和冬季。多发年龄为 6 月龄～5 岁。麻疹疫苗的预防接种控制了该病的流行，病后也可获得终身免疫。

2. 症状

麻疹的潜伏期一般为 6～18 天，在潜伏期内通常有轻度的体温上升。麻疹的前驱期又称发疹前期，一般为 2～3 天，主要症状与感冒症状相似，患儿常出现咳嗽、流涕、呕吐、腹泻等症状，此外在口腔内软腭和硬腭处会出现红色细小的疹子；第 4 天开始会出现皮疹，皮疹为玫瑰红斑丘疹，大小形状不一，从耳后开始蔓延到面、胸、背、四肢及全身。发疹时体温更高，症状加重。疹子 3～5 天出齐，之后开始消退。在无并发症的情况下，患儿食欲、精神状态等随之逐渐好转。疹退后，皮肤会有棕色色素沉着及糠麸样脱屑，通常 7～10 天后会消失。

3. 护理

（1）对于患儿应严格隔离，对于接触者也应隔离检疫 3 周；医护人员离开病室后应洗手和更换外衣或在空气流通处停留 20 分钟后才可接触易感者。

（2）患儿应多卧床休息，同时应保持患儿居室的空气清新、温湿度适中，可以充分利用日光或紫外线照射消毒。

（3）保持患儿口、眼、耳、鼻的清洁，以免发生并发症。

（4）让患儿多喝温开水，饮食以清淡而富有营养的流质或半流质食物为主。

（5）患儿发热时若体温过高，则应采取降低体温的措施，以免高热不退而加重病情，甚至引起抽风。

4. 预防

（1）可以接种麻疹减毒活疫苗或注射胎盘球蛋白，即通过主动免疫或被动免疫两种方式来预防麻疹。

（2）做好患儿的隔离消毒工作。

（3）在麻疹流行期间，应尽量避免带幼儿出入公共场所。

（4）托幼机构应加强对幼儿的身体检查，一旦发现麻疹感染者应及早采取措施。

（四）风疹

1. 病因

风疹由风疹病毒引起，是幼儿常见的一种呼吸道传染病。风疹病毒存在于出疹前 5～7 天患儿的唾液和血液中，一般出疹 2 天后消失。多发年龄为 1～5 岁，6 月龄以内的婴儿较少发病。托幼机构因易感人群集中，有可能出现流行。患者病后可获得持久免疫力。

2. 症状

风疹的潜伏期一般为 2～3 周。前驱期较短，症状不明显，会出现低热或中度发热、轻微咳嗽、乏力、咽痛、食欲不振、眼睛发红等症状，此外伴有耳后和枕部淋巴结肿大症状。

出疹期通常出现在发热 1～2 天后。先从面部开始，初为稀疏的红色斑丘疹，24 小时内迅速蔓延至全身；自第 2 天开始，面部及四肢皮疹变成针尖样红点，但手心、脚心不出疹。出疹期体温不再上升，前驱期症状消失，饮食和活动恢复正常。皮疹历时短，消失快，一般在 3 天内迅速消退，不留痕迹，有时有轻度脱屑，见图 2-1-2。

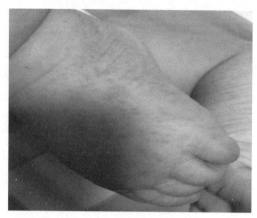

图 2-1-2

3. 护理

（1）发现风疹患儿应立即隔离，一般 5 天后病毒即失去传染性。

（2）让患儿卧床休息，避免直接吹风，防止受凉加重病情。

（3）发热期间让患儿多饮水，多吃清淡和易消化的食物。

（4）对于患儿一般不需要特殊治疗，必要时可以进行抗病毒治疗。

（5）防止患儿挠破皮肤，引起感染。

4. 预防

（1）接种风疹减毒活疫苗，预防率在 90% 以上。

（2）风疹流行期间，不带易感幼儿去公共场所。

（3）室内经常开窗通风，保持空气清新。

（4）孕妇不可护理风疹患儿，以免感染风疹病毒引发胎儿先天畸形。

（五）婴幼儿急疹

1. 病因

婴幼儿急疹是一种病毒性出疹性疾病，多发年龄为 6 月龄～2 岁。该病通过飞沫传播，四季均可发病，多发于春季和冬季。6 月龄以内的婴儿和 2 岁以上的幼儿较少发病，病愈后可终身免疫。

2. 症状

急疹的潜伏期为 1～2 周。前驱期较短，发病急，发病时体温迅速上升超过 39℃，但仅轻微咳嗽、咽部充血，全身症状很轻。持续 3～4 天后，体温迅速下降，并出现充血性斑疹或斑丘疹，见图 2-1-3。疹子由颈部和躯干部开始，迅速蔓延至全身，面部及四肢末端较少。疹子发出后 1～2 天迅速消退。

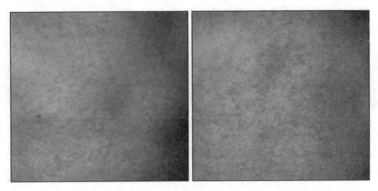

图 2-1-3

3. 护理

（1）在患儿发热期间，多让其喝温开水，不宜让其喝糖水。

（2）患儿在患病期间身体虚弱，应注意保暖，避免受寒。

（3）补充营养，增强免疫力，以防止病情反复。

4. 预防

（1）在该病流行期间，不带易感婴幼儿去人群密集的地方。

（2）培养婴幼儿良好的饮食习惯，为婴幼儿提供营养均衡的食物。

（3）给易感婴幼儿接种疫苗。

（六）水痘

1. 病因

水痘是由水痘-带状疱疹病毒引起的急性传染病，从发病至水痘全部干燥结痂前都具有传染性，且传染性很强。该病毒存在患儿的鼻咽分泌物及水痘的浆液中。初期，病毒主要经飞沫传播。水痘破了后，病毒可经衣物、用具等间接传播。水痘多发于春季和冬季，多发年龄为 6 月龄～3 岁。发病后再感染该病毒时不会患水痘，但可能会患带状疱疹。

2. 症状

水痘的潜伏期一般为 2～3 周。前驱期有轻微发热和食欲不振等症状，1～2 天后出现皮疹。皮疹分布呈向心性，先见于头皮、面部，逐渐蔓延至全身。最初为细小的红色斑丘疹，1 天后变为水疱，3～4 天后水疱开始干缩、结痂、脱落，见图 2-1-4。水疱结痂脱落后不会留下疤痕，但在出疹期间，水疱又痒又痛，如果因抓挠而继发感染，就会在皮肤上留下轻度凹痕。该病一般预后良好，少数体弱、经久不愈的患儿可能导致水痘感染，进而引发败血症、脑炎、脊髓炎等。

3. 护理

（1）发热时应让患儿卧床休息，同时应保持居室内空气清新。

（2）多饮水，饮食宜清淡，以易消化食物及新鲜水果为主，忌辛辣、油腻食物。

（3）给患儿勤换内衣和床单，并注意其皮肤、指甲的清洁。

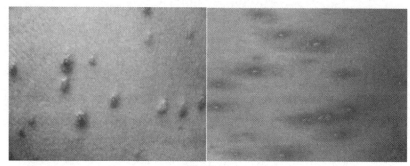

图 2-1-4

（4）给患儿勤剪指甲，防止其抓挠水疱引起感染。

（5）应将患儿隔离至全部水疱干缩、结痂为止，污染物、用具可用煮沸法或暴晒法消毒。

4. 预防

（1）水痘患者住过的房间必须开窗通风 3 小时。

（2）将患者隔离至水疱全部干缩、结痂为止。

（3）对于密切接触者应该检疫 21 天。

（4）易感者可以通过接种水痘减毒活疫苗进行预防。

（七）流行性腮腺炎

1. 病因

流行性腮腺炎是由腮腺炎病毒侵入腮腺引起的急性呼吸道传染病。该病病毒存在患者的唾液中，主要通过飞沫和直接接触患者传播。该病易发于春季和冬季，多见于 2 岁以上的幼儿，病愈后可终身免疫。

2. 症状

该病潜伏期为 2～3 周。前驱期较短，发病急，初期可有发热、乏力、头痛、食欲不振等症状。腮腺肿大先见一侧，1～2 天后可波及另一侧。腮腺肿大部位的边缘不明显，有触痛，按压、张口或咀嚼食物（尤其硬、酸食物）时疼痛加剧。腮腺红肿胀痛在发病 1～3 天内最明显，4～5 天后会逐渐消肿，约 2 周后痊愈。

3. 护理

（1）应让患儿卧床休息，防止其过度疲劳。

（2）饮食要富有营养，利于吸收和消化，忌酸辣及干硬食物。

（3）让患儿多喝水，用淡盐水漱口，保持口腔清洁。

（4）患儿腮部肿痛时可以热敷或冷敷，也可以用中药外敷。

（5）患儿体温过高时可用退热药。

4. 预防

（1）对于易感者，可注射腮腺炎疫苗以预防感染。

（2）接触者可使用板蓝根冲剂预防。

（3）加强对幼儿的晨检和午检，以便及早发现感染者，并及早采取隔离措施。直到患儿腮腺消肿 3 天后，才能解除隔离。

（八）流行性乙型脑炎

1. 病因

流行性乙型脑炎简称乙脑，是由乙型脑炎病毒引起的急性中枢神经系统传染病。该病通常经蚊虫叮咬传播，多发于夏季和秋季，多见于婴幼儿。乙脑为人畜共患的自然疫源性疾病，人和许多动物如猪、马、牛、羊、鸡、鸭等都可以成为传染源，其中以猪的感染率最高。

2. 症状

乙脑的潜伏期为 10～15 天。前驱期较短，发病急，初期患儿的体温急剧上升至 39℃ 以上，1～2 天后病情加重，表现为高热、意识障碍、惊厥、头痛、恶心和呕吐，甚至抽风、昏迷。部分患儿有嗜睡、倦怠，以及颈部轻度僵直等症状。体温升高 5～6 天后，逐渐下降至正常，患儿也逐渐清醒。经过积极治疗，大多数患儿可在半年内痊愈。但因该病发生在脑部，7%～15% 的患儿容易留下后遗症，如不能说话、智力减退、瘫痪等。

3. 护理

（1）患儿的饮食宜清淡、易消化、营养丰富。

（2）让患儿多饮水，并密切关注病情变化。

（3）患儿昏迷时可采取鼻饲或静脉注射等措施补充营养。

（4）多帮助患儿翻身，以免发生褥疮。

4. 预防

乙脑的预防措施主要有接种疫苗和灭蚊防蚊。可在流行期 1～2 个月前接种乙脑疫苗；在流行季节可通过使用蚊帐、驱蚊器、灭蚊剂等做好灭蚊工作。

（九）病毒性肝炎

病毒性肝炎是由不同的肝炎病毒引起的，按照肝炎病毒系列的不同，分为甲、乙、丙、丁、戊等几种类型。病毒性肝炎会引起肝细胞肿大，是世界上流传广泛、危害较大的传染病之一。我国幼儿的发病率较高，以甲型肝炎和乙型肝炎最为常见。

1. 病因

甲型肝炎由甲型肝炎病毒（HAV）引起。该病毒存在于患者的粪便中，如果患者的粪便污染了食物、水或水产品等，人食用后就易被感染。该病多发于秋冬季，多数预后良好，感染后能产生持久的免疫力。

乙型肝炎由乙型肝炎病毒（HBV）引起。婴幼儿感染后，易成为病原体长期携带者或慢性肝炎患者。该病毒存在于患者的血液、粪便、唾液和乳汁中，可通过输血、共用注射器等传染。

2. 症状

甲型肝炎的潜伏期为 1 个月，发病时有黄疸性肝炎和无黄疸性肝炎两种类型。乙型肝炎的潜伏期为 2～6 个月，大多为无黄疸性肝炎。

（1）黄疸性肝炎。刚发病时类似感冒，会相继出现食欲减退、恶心、乏力等症状，偶尔还会出现呕吐、腹泻、腹胀等症状，此外还有精神萎靡、不喜欢吃油腻的食物、不喜欢运动、烦躁不安、爱发脾气等症状；发病 1 周左右眼球发黄，皮肤出现黄疸，尿色加深；2～6 周后黄疸逐渐消退，食欲、精神状态好转，肝功能恢复正常。

（2）无黄疸性肝炎。无黄疸性肝炎比黄疸性肝炎症状轻，一般表现为乏力、发热、恶心、呕吐、头晕等，但在病程中不出现黄疸。

3. 护理

（1）发现患儿应及时隔离，严格遵守隔离制度，最长应隔离 40 天；对于密切接触者要观察 45 天。

（2）患儿必须卧床休息，恢复期可逐步增加活动量。

（3）患儿的饮食应尽量清淡，少吃脂肪含量高的食物，适当增加蛋白质和含糖量高的食物，多吃水果和蔬菜。

4. 预防

（1）建立体检制度，对于疑似病毒性肝炎患者或密切接触者应医学观察 45 天。

（2）患儿的家具、玩具、被褥、衣服、食具、毛巾、便盆等均应是专用的，并每日消毒 1 次。

（3）加强患者的粪便管理，保护水源。

（4）教育幼儿养成餐前便后必须洗手的习惯。

（5）不让幼儿生吃食物，尤其是生海鲜。

（6）进行计划免疫接种，接种时做到 1 人 1 针 1 筒。

（十）急性结膜炎

1. 病因

急性结膜炎主要由于感染肺炎双球菌、葡萄球菌或病毒而发病。该病病原体存在于患者的眼泪或眼分泌物中，主要通过接触感染，或者通过共用毛巾、水龙头、门把手、游泳池的水、玩具等感染。该病也可由风、粉尘、烟等其他类型的空气污染，电弧与太阳灯的强紫外线刺激和积雪对光线的反射刺激引起。同时，在风疹、麻疹和猩红热等疾病的病程中也常见有不同程度的结膜炎。该病多发于春季和夏季，传染性强，流行快，且治愈后免疫力低，易重复感染。

2. 症状

该病发病急，一般在感染后 1～2 天内开始发病，且多数为双眼先后发病。患眼有异物感或烧灼感，且有怕光和流泪等症状，严重者还伴有头痛、发热、疲劳、耳前淋巴结肿大等症状。细菌性结膜炎一般有脓性及黏性分泌物，早晨睡醒时上下眼睑会被粘住。病毒性结膜炎的眼分泌物多为水样，如果感染发生在角膜中央就会影响视力。该病 1～2 周后即可痊愈，愈后视力不受影响。

3. 护理

（1）若患儿眼睛分泌物较多，以致发生眼睑粘连，则应该用消毒棉签蘸生理盐水轻轻擦拭。

（2）选用抗菌眼药水，每 1～2 小时给患儿点眼 1 次。

（3）给患儿在睡前涂金霉素、红霉素等抗生素眼药膏。

4. 预防

该病的传染性强，在家庭或集体生活中极易流行，应加强预防，主要措施如下所述。

（1）平时用流动的水洗脸，尤其是在夏季游泳后和外出回来时。

（2）不与患者共用毛巾等日常用品。

（3）教育幼儿养成良好的卫生习惯，不用脏手揉眼睛。

（4）为患儿滴眼药前后均须认真用肥皂洗手。

（十一）猩红热

1. 病因

猩红热是由溶血性链球菌引起的急性呼吸道传染病。该病病菌存在于患者或健康携带者的鼻咽部，主要通过飞沫直接传播，也可以通过书籍、毛巾、玩具等接触传播。一年四季都有发生，多发于春季和冬季，多见于2～8岁儿童。

2. 症状

猩红热的潜伏期一般为2～5天，也可少至1天，长至7天。该病发病急，患儿均有发热、咽痛明显、咽及扁桃体红肿充血等症状，有时会呕吐。发病24小时后会出小米粒大小的皮疹，最初见于耳后、颈部，1天内迅速蔓延至全身。皮疹为弥漫性小红点，似寒冷时的"鸡皮疙瘩"，摸起来像砂纸。用手指按压皮疹时，皮肤上的红晕可暂退。出疹后3～4天，患儿舌苔脱落，舌乳头红肿似熟透的杨梅，故称"杨梅舌"。发病后1周左右，皮疹自面部开始消退，体温恢复正常，皮肤有不同程度的脱皮。脱皮程度与皮疹轻重有关，一般2～4周脱净，不会留下色素沉着。

3. 护理

（1）应让患儿卧床休息，防止继发感染。

（2）患儿的饮食宜清淡，以流质、半流质为宜，且应让患儿多饮水。

（3）注意患儿的口腔清洁，可让其用温的淡盐水漱口，每日数次。

（4）保持患儿皮肤清洁，切勿用手撕死皮，以免撕破皮肤引起感染。

（5）病后2～3周进行1次尿检，以检查肾功能是否正常。

4. 预防

（1）一旦发现有感染症状，及时对患儿进行隔离。

（2）幼儿园应加强对幼儿的晨检和午检，做好日常消毒工作。

（十二）流行性脑脊髓膜炎

1. 病因

流行性脑脊髓膜炎简称流脑，是由脑膜炎双球菌引起的化脓性脑膜炎。该病病菌存在于患者的口鼻分泌物中，通过飞沫传播。该病多发于春季和冬季，多见于5岁以下的幼儿，病后能产生特异性抗体。

2. 症状

该病的潜伏期一般为2～3天。发病时表现为上呼吸道感染症状，伴有发热、呕吐、全身痛，但咳嗽、流涕症状不明显。患儿面色灰白，迅速出现出血性皮疹，指压后红色不退。起病后表现为呕吐频繁、嗜睡，较小的患儿常伴有尖叫、惊厥，病情进一步发展会出现昏迷；严重者会出现高热寒战、精神恍惚及颈部僵直等脑膜刺激征。该病病情复杂多变，轻重不一，有时会在短时间内恶化。因此，在冬春季幼儿出现感冒症状且伴有剧烈头痛、频繁呕吐、皮肤有出血点等症状时，必须迅速送至医院救治。该病通常 2～5 天后进入恢复期，1～3 周内痊愈。

3. 护理

（1）应让患儿卧床休息，并注意保暖。

（2）保持患儿居室安静，空气新鲜，并定期进行紫外线消毒。

（3）喂食易消化且富含营养的流质或半流质食物。

（4）密切观察患儿的体温、神志、呼吸、脉搏、血压、瞳孔等，对于昏迷患儿应帮助其翻身、拍背、吸痰。

4. 预防

（1）及时给幼儿接种流脑疫苗。

（2）加强幼儿的体育锻炼，增强其体质。

（3）保持居室内的空气新鲜，勤晒幼儿衣服。

（4）外出佩戴口罩。

（5）冬春季尽量不带幼儿去公共场所。

计划免疫

免疫是机体的一种生理性保护反应，其主要作用是识别和清除进入人体的抗原性异物（如病毒、细菌等），以维持机体内环境的平衡和稳定。计划免疫是根据某些特定传染病的疫情监测和人群免疫状况分析，以及按照规定的免疫程序，有计划、有组织地利用疫苗对人群进行免疫接种，以提高人群的免疫水平，达到预防、控制乃至最终消灭相应传染病的目的。

1. 计划免疫的程序

目前，我国的计划免疫程序主要分为基础免疫和加强免疫两步。

1）基础免疫

一般来说，6 月龄后，婴幼儿从母体获得的抗体逐渐消失，容易感染疾病。基础免疫是指为了达到保护目的的初次接种，即选择几种对婴幼儿健康威胁较大的传染病疫苗，在短期内接种到婴幼儿体内，使其获得对这些传染病的免疫力。由于疫苗种类不同，完成基础免疫的接种次数也有区别。

2）加强免疫

加强免疫是指经基础免疫后，待婴幼儿体内获得的免疫力下降到一定程度时，再接种 1 次，以巩固和提高免疫效果。

2. 计划免疫的内容

目前，我国计划免疫工作的主要内容是对 15 种传染病的疫苗进行接种，其中针对婴幼儿接种的疫苗主要有以下几种，见表 2-1-1。

表 2-1-1　婴幼儿接种疫苗种类

疫苗种类	接种时间	疫苗可预防的传染病	传染病的传播途径
乙肝疫苗	出生时、1 月龄、6 月龄	乙型肝炎	血液传播、母婴传播、接触传播等
卡介苗	出生时	结核病	飞沫传播、痰液传播等
脊髓灰质炎疫苗	2 月龄、3 月龄、4 月龄	脊髓灰质炎	粪口传播、飞沫传播、接触传播等
百白破疫苗	3 月龄、4 月龄、5 月龄	百日咳、白喉和破伤风	飞沫传播、接触传播等
白破疫苗	6 周岁	白喉和破伤风	飞沫传播、接触传播等
麻腮风三联疫苗	8 月龄、18～24 月龄	麻疹、腮腺炎和风疹	飞沫传播、接触传播等
流脑疫苗	6～18 月龄、3 周岁、6 周岁	流脑	飞沫传播、接触传播等
乙脑疫苗	8 月龄、2 周岁、6 周岁	乙脑	蚊虫叮咬传播
甲肝疫苗	18 月龄、24～30 月龄	甲型肝炎	粪口传播

【实训卡片】

请设计一个预防婴幼儿常见传染病的宣传海报，要求：

（1）介绍某种常见婴幼儿传染病的症状、传播途径和预防措施；

（2）自行设计并制作一张宣传海报，要求内容准确、通俗易懂、深入浅出、图文并茂。

第二节　常见疾病识别与护理

一、婴幼儿常见病的早期发现

（一）精神状态及脸色的变化

婴幼儿的精神状态及脸色的变化是反映身体健康状况、病情严重程度的重要指标。

正常的婴幼儿活泼好动、眼睛明亮有神、对外界环境充满兴趣，而患病的婴幼儿则往往萎靡不振、目光呆滞、哭声无力或异常、拒绝进食、烦躁不安或嗜睡等。

健康的婴幼儿脸色红润。如果脸色苍白、发黄，口唇及睑结膜等处也明显苍白、缺少血色，说明婴幼儿可能患有营养不良性贫血；如果脸颊、口唇、鼻尖等处青紫，那么说明婴幼儿可能患有先天性心脏病。

以下几种情况必须特别注意。

（1）肺炎：脸色苍白，同时还伴随发热。

（2）心脏病：脸色通常也是白色的。

（3）贫血：除了脸色苍白，嘴唇、牙龈呈灰白色。

（4）败血症：脸色发黄，哭闹不休。

（二）体温异常

发热是婴幼儿时期多种疾病发生过程中伴随的一种常见症状，是以体温调节功能改变和体温升高为主要表现的一种常见病理现象。

正常婴幼儿的体温较成人略高，且易波动。婴幼儿正常的腋下温度为 36.0℃～37.4℃。通常情况下，婴幼儿的发热分度标准为：体温 37.5℃～38.0℃，低热；体温 38.1℃～39.0℃，中度热；体温 39.1℃～41.0℃，高热；体温超过 41℃，超高热。

如果发现婴幼儿呼吸急促、音粗，目光呆滞，面部潮红，除用体温计测试体温外，还应该进行有关检查，以确定是否有其他伴随症状和体征。如果发热伴有咳嗽、流涕、咽痛等，那么可能是呼吸道感染；如果发热伴有尿频、尿急、尿痛等，那么可能是泌尿系统感染；如果发热伴有惊厥、昏迷，那么可能是中枢神经系统感染；如果先发热，之后陆续出现特异性皮疹，那么可能是急性传染病。

（三）哭闹

婴儿的大多数哭闹由非疾病因素引起，少数由疾病所致。

1. 非病理性哭闹

婴儿出生时的第一声啼哭宣告新的生命来到了这个多彩的世界，也标志着其独立呼吸的开始。

婴儿的哭闹多数反映的是其自身的生理和心理需要，或者反映的是其对周围环境的不适应，如饥饿、口渴、便溺、困乏、过冷过热、蚊虫叮咬等。婴儿有时为了得到照护者的爱抚、母亲的拥抱或突然受到声音的刺激，也会哭闹。

婴儿的非病理性哭闹一般具有以下特征：机体无发热表现，哭声洪亮，哭闹时间一般不长或有间歇，精神状态正常。当需要得到满足或不适条件得到改善后，哭闹会立即停止。

2. 病理性哭闹

婴儿因为无法用语言准确表达病痛，所以对于身体不适的主要反应是哭闹。婴儿哭闹不止时照护者应该仔细检查婴儿的头颈、躯干、四肢、后背、腋窝、腹股沟等处，稍微用力抚摸一遍确定其哭闹不是非病理性哭闹后，应及时就医。如下是一些判断方法。

（1）哭闹时间。喝奶时婴儿耳部贴近母亲就哭闹，且伴有摇头动作，可能是患了外耳道疖肿或中耳炎；大便时哭闹，可能患有便秘或肛门裂；小便时哭闹，可能是泌尿系统感染，尤以女婴多见；睡眠前哭闹不止，可能患有佝偻病、婴儿湿疹等。

（2）哭闹与体位的关系。如果婴儿处于卧位时安静，而在抱起或触碰其肢体时哭闹，那么可能是由外伤、骨折、脱臼等引起的；如果卧位时哭闹，抱起时安静，那么多由不良习惯所致。

（3）伴随哭闹的其他特征。除了哭闹不止，如果婴儿还有阵发性腹痛、频繁呕吐、烦躁不安等表现，且大便是血与黏液的混合物，呈红果酱样，那么可能患了肠套叠；如果婴儿在哭闹时突发高声尖叫，且伴有喷射性呕吐，那么可能是颅内出血或颅内感染。

（四）食欲的变化

1. 食欲不振

食量减少、食欲减退是婴幼儿患病后较早出现的症状之一。患有佝偻病、营养缺铁性贫血、传染性肝炎、肠道寄生虫病及微量元素锌的缺乏等，都会引起消化不良，导致食欲减退。某些精神因素也会导致食欲减退，如婴幼儿受到强烈的精神刺激，或者对新环境不适应、照护者过分强迫其进食等。此外，不良的饮食习惯，如生活无规律、吃零食太多或偏食和挑食等也是引起婴幼儿食欲不振的重要原因。

2．食欲亢进

如果婴幼儿具有异常旺盛的食欲，出现多饮、多尿、多食和体重下降的"三多一少"症状，同时身上容易生疖长疮，那么应检查其是否患有糖尿病。较大幼儿如果出现情绪不稳定、易怒、多动、注意力不集中等症状，且伴有食欲增加、体重下降、怕热多汗、甲状腺肿大，甚至眼球突出，那么很可能患有甲状腺功能亢进症。

3．口味异常

婴幼儿对于食物以外的物品，如土块、煤渣、纸张等，有难以控制的食欲，这种病症通常称为异嗜症或异食癖。微量元素锌、铁的缺乏会引起食欲减退、口味异常。在我国南方一些地区多发的钩虫病会导致患儿慢性失血，从而引起患儿口味改变而出现异食癖。

（五）睡眠异常

身体健康的婴幼儿一般能很快入睡，且睡得踏实、睡醒后精神饱满。睡眠异常的主要表现有如下几种。

1．入睡困难

睡眠环境不良（如过冷过热、声音嘈杂、光线太强）、睡前过度兴奋、临睡前短时间内饮食过多等，都会引起婴幼儿入睡困难。个别婴幼儿睡前烦躁、反复变换体位，入睡后面部干燥和泛红、呼吸音较粗、脉搏急促，睡醒后目光呆滞、面部潮红、流清鼻涕，这些往往是发热的表现。如果婴幼儿有这些表现，照护者应为其测量体温并根据具体情况采取适当措施。

2．睡眠不安

如果婴幼儿睡眠不安、多汗、情绪易激动，伴有方颅、出牙迟、囟门晚闭，那么判断其可能患有佝偻病。如果幼儿烦躁、夜惊、磨牙、注意力不集中、会阴部或肛门周围瘙痒，那么判断其可能患有蛲虫病。

3．嗜睡

婴幼儿嗜睡常常是脑炎、脑膜炎的早期表现。如果婴幼儿平时爱睡、能睡，但入睡后对巨大声响无反应，那么应检查其是否患有耳聋。

应注意以下几种特殊情况。

（1）发热。睡前烦躁不安，睡眠中踢被子，睡醒后面色发红。

（2）蛲虫病。入睡前不自觉地用手抠肛门。

（3）佝偻病。睡眠中啼哭，睡醒后大汗淋漓，易激动。

（4）蛔虫病。入睡后不断咀嚼、磨牙，可能是睡前太兴奋引起的或是有蛔虫病。

二、婴幼儿常见病的预防及护理

（一）呼吸道疾病

1．急性上呼吸道感染

急性上呼吸道感染简称上感，是婴幼儿常见的疾病之一。急性上呼吸道感染主要指鼻、咽等部位的黏膜急性发炎，也可以根据炎症的突出部位来命名，如急性咽炎、急性扁桃体炎等。

1）症状

（1）一般症状有流鼻涕、打喷嚏、咳嗽、发热等，通常3～4天后痊愈。

（2）3 岁以内患儿体温可能超过 39℃。

（3）若患儿持续高热、咳嗽加重、出现喘憋等，则容易引发肺炎，必须及时就医。

2）护理

患儿在发热时，脉搏增快，心脏负担加重，应让其卧床休息；患儿出汗增多，呼吸加快，机体失水量增加，所以应让其多喝温水。此外，患儿在发热时，肠胃功能减弱而机体需要消耗较多的营养物质，因此需要给患儿提供营养丰富且清淡易消化的食物。若患儿因鼻塞影响吮乳和睡眠，则可以在其吃奶和入睡前往其鼻孔中滴 1~2 滴 0.5%麻黄素液。麻黄素液不可久用，否则易产生副作用。

3）预防

（1）多带婴幼儿到户外锻炼，增强体质，提高其对环境冷热变化的适应能力。

（2）随气温变化为婴幼儿增减衣服。

（3）婴幼儿活动室、卧室应当经常开窗通风，保持室内空气清新。

（4）合理安排婴幼儿的生活，为其提供营养均衡的膳食。

（5）上感流行季节，少带婴幼儿去公共场所。

（6）患儿发病期间，可以用醋熏房间或用紫外线灯照射消毒。

2. 扁桃体炎症

1）病因

婴幼儿在因受凉、疲劳而感冒后，机体抵抗力下降，侵入扁桃体窝内的溶血性链球菌大量繁殖以致扁桃体出现了炎症。

2）症状

（1）急性扁桃体炎。该病发病急，有高热、咽痛、头痛等症状。

（2）慢性扁桃体炎。该病使患儿经常头痛和疲倦，伴有低热和咽部不适，易并发风湿热和肾炎等。

3）预防

预防措施同上呼吸道感染。对于是否手术切除扁桃体，必须要慎重考虑。

3. 流行性感冒

流行性感冒简称流感，是由流感病毒引起的急性呼吸道传染病。

1）症状

流行性感冒的潜伏期一般是 1~2 天。该病发病急，有畏寒、发热，伴有头痛、腰部和四肢酸痛、打喷嚏、呕吐等症状。个别患儿会出现暂时性皮疹，或者有腹泻等症状，经 3~5 天可退热，重症约 10 天退热。若患儿持续高热、咳嗽加重、出现喘憋等，容易引发肺炎，必须及时就医。

2）预防

流感传播速度非常快，一旦有婴幼儿感染了流感病毒，应立即将其与健康者隔离。流感流行期间，少带婴幼儿去公共场所。另外，照护者应注意室内的清洁和通风。

婴幼儿感冒易转变成肺炎的原因

（1）婴幼儿免疫系统的发育尚未成熟，因此免疫力比较差。

（2）婴幼儿的气管和支气管相对狭窄，黏液分泌少，气管和支气管上的纤毛发育不完全，纤毛摆动能力弱，因此不易将微生物或异物清除干净。

（3）肺组织血管丰富，易于充血，肺的间质发育旺盛但肺泡数量少。肺泡数量少直接导致肺的含气量少，因此易出现痰液阻塞，加上婴幼儿的呼吸肌力量弱，排痰能力较差，所以增加了患肺炎的概率。

（4）当婴幼儿感染的病毒毒力较强，或者感冒合并细菌、支原体感染时，感冒也容易转变成肺炎。

（二）五官疾病

1. 龋齿

龋齿是婴幼儿常见的牙病（见图2-1-5）。龋齿患儿不仅会牙痛，还可能因为牙痛影响食欲和咀嚼功能，进而影响生长发育。国家卫生健康委员会已把龋齿列为婴幼儿重点防治的常见病之一。

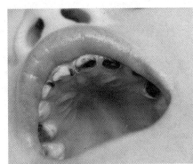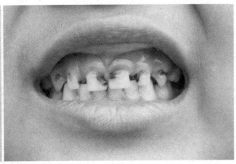

图 2-1-5

1）病因

龋齿是由细菌、糖类食物、牙齿抗龋能力缺陷3种因素协同作用产生的。变形链球菌和乳酸杆菌是导致龋齿的主要细菌，糖类食物是产生龋齿的必要条件。由黏附在牙面上的细菌和糖类食物残渣共同形成的牙菌斑是细菌得以生存的环境。牙齿结构的缺陷与龋齿的发生有密切关系，发育不良和钙化不良的牙齿均易患龋齿。牙齿排列不齐或受到损伤，也会为龋齿的发生创造条件。

2）症状

根据牙齿破坏程度的大小，龋齿可以分为浅层龋、中层龋和深层龋。浅层龋的牙病变局限于牙釉质，牙面上会出现褐色或黑褐色斑点，牙面粗糙，龋齿无痛感。中层龋的牙病变已到达牙本质浅层，且形成了龋洞，受冷、热、酸、甜等的刺激时，会酸痛。深层龋的牙病变已到达牙本质深层，当龋洞接近牙髓时，会刺激神经末梢引起剧烈的疼痛。

3）预防

（1）保持口腔卫生。应培养幼儿餐后漱口、早晚刷牙、睡前不吃零食的良好生活习惯。对于吃奶的婴儿，可以在喂奶后或在两次喂奶之间通过让其喝点白开水来起到清洁口腔的作用；对于2岁左右的幼儿，可以准备好温度适宜的白开水，让其学会餐后鼓漱的方法，以冲掉牙缝间和牙面上附着的食物残渣；对于3岁左右的幼儿，可为其准备幼儿专用的保健牙刷和牙膏，让其学会正确的刷牙方法，以保持口腔卫生。

（2）合理营养和多晒太阳。这是保证婴幼儿牙齿正常钙化、增强抗龋能力的重要措施。此外，还应限制婴幼儿的甜食摄入量，特别是在睡前应禁止食用甜食，以降低龋齿的患病率。

（3）药物防龋。通过让幼儿使用含氟漱口水、使用含氟牙膏刷牙等来提高其抗龋能力。

（4）定期进行口腔检查，及早发现龋齿，及时进行治疗。若检查时发现龋洞尚未穿通牙髓，则应尽早补牙。若乳牙患龋齿则必须认真对待。"乳牙迟早要被恒牙替换，所以患龋齿后不必在意"的观点是错误的。一旦发现乳牙患龋齿，应及早治疗。

2. 斜视

眼睛在注视某一物体时，两眼的黑眼球位置不对称，视轴出现明显的偏斜，这一现象称为斜视。

1）病因

按照视轴偏斜的方向，可以分为内斜、外斜、上斜和下斜。婴幼儿中出现的内斜绝大多数是由较严重的远视眼造成的，好发年龄为3岁左右，这种斜视容易被早期发现。外斜好发年龄为3～8岁，大部分是由眼睛融像功能较差引起的。上斜和下斜通常是先天性斜视。

2）矫正

治疗斜视的最佳时间是在6岁前。经过治疗，斜视可以得到矫正。年龄越小，治疗效果越好。

3. 急性中耳炎

急性中耳炎是中耳黏膜的急性化脓性炎症，是由细菌侵入中耳，使鼓室黏膜充血水肿引起的，会产生黏性或脓性分泌物。若脓液积聚，鼓膜溃破形成穿孔，则影响听力。此症多发于婴幼儿。

1）病因

婴幼儿的咽鼓管相对粗短，呈水平位，当患有上呼吸道感染时，病原体很容易沿着咽鼓管进入中耳，引起中耳炎。再者，婴幼儿患麻疹、百日咳、猩红热等急性传染病时，病原体也会经血液循环进入中耳而诱发中耳炎。此外，用力擤鼻涕和喂奶姿势不当（如婴儿平卧吸奶）均会致使乳汁进入婴儿中耳而诱发中耳炎。

2）症状

发病较急，最初感觉耳内有异物堵塞和胀痛，吞咽、咳嗽时痛感加重且向颞侧部或枕部放射，伴有发热症状。婴幼儿不会自诉耳痛，常表现为哭闹、烦躁、摇头、拒食、抓耳等。数天后，鼓膜穿孔，脓液流出，耳痛骤减。痊愈后鼓膜小穿孔可自行愈合，听力不受影响。婴幼儿急性中耳炎未流出脓液前，有时易被忽视。因此，若患儿有不明原因的高热，则应检查和了解其耳部情况。

3）预防和护理

（1）一般护理。鼓励患儿多饮水，多吃高蛋白、高热量、易消化的食物。

（2）对症治疗。早期给予足量的抗生素，以便及时控制炎症，以免鼓膜穿孔。可以根据病情采取局部用药。

（3）保持耳道清洁。给婴幼儿洗头、洗澡时，避免污水入耳，保持外耳道清洁。喂奶时姿势应正确，采取半卧位，喂奶后将婴儿抱起，轻拍其背部，以吐出吞咽下的空气，减少因溢奶入耳而引起的耳部感染。

4. 急性结膜炎

急性结膜炎是传染性极强的急性眼病，易于流行。

1）病因

由细菌感染引起，常见致病菌为葡萄球菌、肺炎双球菌、链球菌等。

2）临床表现

眼部有异物感或烧灼感，分泌物多，一般无视力障碍。只有在累及角膜时，眼睛才畏光、流泪，以及有痛感和视力障碍。发病时眼结膜充血明显，且覆盖大量脓性分泌物。病症一般在第 3 天和第 4 天达到高峰，之后逐渐减轻，10～14 天后可痊愈。

3）治疗与护理

局部使用抗生素或磺胺类眼药水。

4）预防

教育幼儿注意用眼卫生，不用手揉眼睛。

（三）营养性疾病

1. 肥胖症

肥胖症是一种热能代谢障碍疾病，是摄入热量超过消耗热量引起体内脂肪积累过多所致。一般体质量高于标准体质量 20%即为肥胖症。其中，高于标准体质量 20%～30%为轻度肥胖症，高于 30%～50%为中度肥胖症，高于 50%为高度肥胖症。近年来，我国幼儿肥胖症的发病率有增加趋势。

1）病因

肥胖症根据病因不同可以分为单纯性肥胖和病理性肥胖。单纯性肥胖是指由非内分泌代谢疾病引起的肥胖，幼儿肥胖以此类为主。肥胖的主要原因如下。

（1）多食少动。摄入热量过多而活动量过少是单纯性肥胖的主要原因，如较大幼儿在幼儿园用过餐后回到家中还会吃些高热量零食，这样势必造成热量过剩。此外，大多数胖儿不愿运动，陷入了多食—少动—肥胖的恶性循环，如果不加以调理，就会越来越胖。

（2）遗传因素。遗传是肥胖的重要原因。统计表明：双亲都肥胖的，其子女的肥胖率约为 70%；双亲中一方肥胖的，其子女的肥胖率约为 40%。

（3）内分泌失调。由内分泌功能异常所致的肥胖常伴有生殖器官发育迟缓、体脂分布特殊等表现，应该将其与单纯性肥胖区分开。

（4）精神因素。幼儿会因精神创伤或心理异常而出现食欲亢进，导致肥胖症。

2）症状及危害

单纯性肥胖幼儿的表现如下：食欲旺盛，喜食淀粉类、高脂肪类食物；体格发育较正常幼儿迅速，智力正常，性发育正常；体脂大多聚集在乳房、腹部、臀部和肩部；不爱活动，且怕热、多汗、易疲劳，呼吸浅而快。

肥胖不仅影响幼儿的体形，还会影响幼儿的身体健康和心理健康。在身体健康方面，肥胖会导致扁平足，行走时易腰酸腿痛；腹部积聚过多的脂肪会影响呼吸；脂肪堆积在血管壁及肝脏上，容易影响其功能，成为动脉硬化的隐患。在心理健康方面，胖儿可能因为体态而出现自卑、抑郁及社交恐惧障碍等。

3）预防

儿童肥胖的多发年龄为 6～7 岁，中度以上的单纯性肥胖多在 7 岁左右开始。就餐无规律、吃得快而多和蔬菜吃得少是此阶段胖儿的饮食特征。为防止儿童单纯性肥胖应做到如下几点。

（1）避免饮食过度。较大儿童应避免过多进食碳水化合物和脂肪含量很高的食物，尤其是高糖饮料、饼干及油炸食品等。对于有肥胖倾向的儿童，更应严格控制其食量，饥饿时可为其多提供一些蔬菜和水果。

（2）积极参加运动。鼓励儿童经常参加体育活动，通过跑、跳、蹦、爬、钻、投等运动进行体格锻炼，消耗体内过多的脂肪，以预防肥胖症的发生。

4）矫治

（1）控制进食量。适当控制进食量是防止胖儿继续肥胖的重要举措。一方面，食物必须能满足其生长发育的需要，应该有充足的蛋白质、足够的无机盐和维生素、适量的碳水化合物，以及不超过限量的脂肪；另一方面，应多选用热量少、体积大的食物，如芹菜、萝卜、笋等，以增加饱腹感。

（2）调整饮食结构。减少脂肪、碳水化合物的摄入，增加蔬菜、水果、豆制品等低热量食物的摄入。

（3）增加运动量。培养胖儿对体育活动的兴趣，通过运动消耗多余热量。

（4）消除精神负担。采取积极疏导、给予更多关爱等措施消除胖儿的精神负担，克服心理异常对进食的不良影响。

（5）对症治疗。若是由内分泌疾病引起的肥胖，则需要积极对症治疗。

在矫治儿童肥胖的问题上，有两点需要注意：一是循序渐进，不能使体质量骤然减少，最初只需要阻止体质量迅速增加，之后逐渐使其下降；二是贵在坚持，以上列出的矫治方法需要长期坚持才能奏效。

2. 营养不良

1）病因

营养不良又称慢性营养紊乱，是由多种原因引起的。主要原因是喂养不当，特别是蛋白质和热量摄入不足，从而影响了婴幼儿的正常生长发育。婴幼儿营养不良的后果是抵抗力下降，容易反复生病，严重者会出现生长发育停滞。此外，疾病也是营养不良的重要原因。

婴幼儿经常由于喂养方法不科学而挑食、偏食，由此引起的营养物质摄取不全面而出现的营养不良的现象非常普遍。

2）治疗

定期对婴幼儿进行体格检查和膳食营养状况调查，以便及早发现营养不良的患儿。及早治疗和进行喂养指导，均有利于营养不良患儿的康复。

营养不良按程度不同分为如下 3 种。

（1）Ⅰ度营养不良。患儿体质量低于正常婴幼儿体质量的 15%～25%，没有临床症状，不易引起注意。

（2）Ⅱ度营养不良。患儿体质量低于正常婴幼儿体质量的 25%～40%，伴有消化系统功能紊乱的症状，如食欲减退、腹泻等。

（3）Ⅲ度营养不良。Ⅲ度营养不良可能导致器官衰竭，甚至有生命危险。

当婴幼儿被确诊为营养不良时，应从药物和膳食两个方面进行矫治。其中，膳食治疗方案应根据病情的轻重、机体消化功能的耐受程度分别制定。对于Ⅰ度营养不良患儿，由于其消化吸收功能尚好，可在原膳食基础上，较快增加热能、蛋白质及脂肪的供给量，待体质量增至正常后再减至标准供给量；同时，补充多种维生素及微量元素，并辅以助消化药物或补气益脾药物来治疗。对于Ⅱ度、Ⅲ度营养不良患儿必须严格按医嘱安排膳食。

3）预防

普及营养知识，提高照护者的科学育儿水平，根据婴幼儿的身心特点采用正确的喂养方法是预防婴幼儿营养不良的重要措施。照护者应该结合婴幼儿不同年龄段的消化吸收特点，兼顾其心理发育特点，设法增进婴幼儿的食欲。在制作婴幼儿食品时，应注意色彩搭配合理、品种多样、刀法规则，通过色、香、味、形等刺激婴幼儿的食欲。摒弃因品种单调、粗制滥造而抑制婴幼儿食欲的做法。另外，平时应适当限制婴幼儿对零食的摄入，以提高其对正餐的食欲。

3. 维生素 D 缺乏性佝偻病

维生素 D 缺乏性佝偻病简称佝偻病，是 3 岁以下婴幼儿的常见病。近年来，我国的重度佝偻病患儿明显减少，但仍有不少轻度和中度佝偻病患儿，佝偻病仍影响着我国婴幼儿的健康。

1）病因

佝偻病主要是由患儿体内缺乏维生素 D 引起的。患儿因为不能正常吸收和利用体内的钙和磷，所以其骨骼的生长发育受到了影响，严重时会导致骨骼变形。

（1）日光照射不足。人体所需要的维生素 D 除了一部分由食物供给，主要由日光照射皮肤，使体内的 7-脱氢胆固醇转变成维生素 D_3 来供给。在我国北方，冬季寒冷且日照时间短，婴幼儿缺乏户外活动，即使外出也包裹过严，皮肤不能直接接触日光，维生素 D 的合成量少，因此容易患佝偻病。

（2）生长过快。婴幼儿由于生长过快，造成体内维生素 D 供给不足，尤其是双胞胎和早产儿更易因维生素 D 供给不足而患此病。

（3）摄入不足。食物中的钙、磷含量过少或比例不当和食物中的谷类食物偏多等，都会影响钙的吸收和利用。所以人工喂养的婴幼儿佝偻病的发病率明显高于母乳喂养的婴幼儿。

（4）疾病的影响。如果婴幼儿患有肠胃或肝胆疾病，就会影响维生素 D 和钙的吸收与利用，也会导致佝偻病的发生。

2）症状

患儿会出现精神状态异常、运动功能发育迟缓，甚至骨骼变形等。

佝偻病早期阶段，婴幼儿表现为情绪不稳、容易激动，睡眠不安、多汗；由于头皮受汗液刺激而会在枕头上来回蹭痒，形成枕秃；有些还表现为食欲不振。发现以上情况时，应及时带婴幼儿去医院诊治，病情会很快得到控制。

如果没有及时发现佝偻病的早期症状或治疗不及时，病情就会继续发展，进入活动期时，会逐渐出现骨骼变形，如出牙迟、方颅（指头颅呈方形）、前囟晚闭、串珠肋（指肋骨与肋软骨交接处膨大似小球状，呈串排列，形似串珠）、鸡胸（胸壁两侧下陷，导致胸骨向前突出，而出现"鸡胸"样变形）等。婴儿会坐后，可见脊柱后凸或侧弯；学习爬行时，手腕和脚踝处骨骼膨大，形似手镯和脚镯；婴儿会走后，下肢因为负重而弯曲，呈现"X"形或"O"形。病情严重者甚至全身肌肉松弛，坐、立、行等动作发育滞后，条件反射形成较晚，语言发育迟缓。

3）预防

（1）预防先天性佝偻病。母亲怀孕期和哺乳期应该加强营养、多晒太阳，以保证婴儿对维生素 D 的需要。

（2）提倡母乳喂养，及时添加辅食。母乳是钙的理想来源，此外及时添加蛋黄、肝泥、菜泥等辅食，可以为婴儿提供一定量的维生素 D。

（3）经常户外活动，多晒太阳，这是预防佝偻病最简单的方法。婴儿满月后即可抱到户外，接受日光照射，每天户外活动时间应不少于 2 小时，且尽量让日光直接照射在婴儿皮肤上，这样能有效预防佝偻病。

（4）补充维生素 D，这是预防佝偻病的最有效方法。在我国北方漫长的寒冬里，当日光照射不足时，可根据具体情况在婴儿满月后给其口服适量的维生素 D 滴剂，以预防佝偻病。

（5）及时治疗某些疾病。应及时发现和治疗影响维生素 D、钙吸收的肠胃疾病和影响维生素 D 转化的肝肾疾病等。

可以把本小节内容按照表 2-1-2 进行整理，以帮助记忆。

表 2-1-2　维生素 D 缺乏性佝偻病症状分析表

原因	症状	治疗	预防对策
（1）日光照射不足； （2）生长过快； （3）摄入不足； （4）疾病的影响	（1）睡眠不安，夜间哭闹，枕秃； （2）方颅、串珠肋、鸡胸、"X"形腿或"O"形腿； （3）动作发育迟缓	（1）合理补充维生素 D 和钙制剂； （2）患儿不宜久站、久坐、多走，以防骨骼变形； （3）多晒太阳	（1）预防先天性佝偻病； （2）提倡母乳喂养，添加辅食； （3）经常户外活动，多晒太阳； （4）补充维生素 D； （5）及时治疗某些疾病

4. 营养性缺铁性贫血

营养性缺铁性贫血是儿童贫血中最常见的一种，以婴幼儿的发病率最高，因体内缺乏铁元素影响血红蛋白的合成所致。

1）病因

（1）先天储铁不足。婴儿出生前 3 个月自母体获取的铁足够其出生后 3～4 个月的造血之需。如果储铁不足，婴儿就会较早出现缺铁性贫血。常见于早产儿、多胎儿或母亲严重贫血者。

（2）饮食缺铁。乳类食物中含铁很少，如果婴儿以乳类为主食，并且照护者又未按时为其添加含铁丰富的辅食，那么可能致其贫血。食物中易被机体吸收利用的铁较少，妨碍铁吸收利用的因素较多，因此婴幼儿出现贫血，大部分是由饮食中铁的摄入不足引起的。例如，有些婴幼儿偏食、挑食，不喜欢吃使维生素 C、氨基酸等能促进铁吸收的蔬菜、瘦肉等食物，势必影响其对铁的吸收和利用。

（3）生长发育快。由于生长发育快，铁的需要量大而供给量相对不足。因此，对于生长发育快的婴幼儿应特别注意补铁。

（4）疾病影响。如长期腹泻会影响铁的吸收和利用；肠道寄生虫（如钩虫）会使机体慢慢失血，最终造成贫血。

2）症状

由于贫血，患儿的皮肤、指甲、黏膜苍白，肝、脾和淋巴结也有不同程度的肿大，全身疲乏无力，呼吸、脉搏频率增快，尤其是活动后会感到心慌、气促。患儿时常烦躁不安或萎靡不振，对周围环境中的事物不感兴趣，注意力不易集中，食欲减退，个别患儿会出现异食癖（如嗜食泥土、煤渣等）。

3）预防

（1）加强孕妇的营养。特别是在孕晚期，孕妇应多食含铁丰富的食物，或者服用补铁药物。

（2）为婴幼儿提供含铁丰富的食物。提倡母乳喂养，在婴儿4月龄左右，可逐步为其添加含铁丰富的辅食如肝泥、菜泥、豆腐等，也可让其食用含铁的营养品。尤其是早产儿、多胎儿，更应注意补铁。2岁后的幼儿膳食应多选用含铁丰富的食物，如动物肝、动物血、瘦肉、禽、鱼、木耳、海带等；同时应让幼儿多食用水果和可以生食的蔬菜，以获取较多的维生素C，从而促进铁的吸收。

（3）及时治疗各种感染性疾病。应及时发现和治疗婴幼儿腹泻，改善肠胃消化功能。如果发现婴幼儿有钩虫病，就应尽早进行驱虫治疗。肺炎和气管炎等感染性疾病长期、反复发作时，必须积极对症治疗，以防止引发贫血。

（四）其他疾病

1. 婴幼儿腹泻

婴幼儿腹泻是由多种原因引起的，尤其多见于2岁以下的婴幼儿。该病一年四季均可发生，以夏秋季多见。

1）病因

婴幼儿易患腹泻，与其生理特点有关。婴幼儿生长发育的速度较快，需要的营养成分相对较多，但其消化系统尚未发育完善，消化和吸收能力受到限制；并且神经系统对消化的调节功能较差，因此在需要的营养成分较多与有限的消化能力之间就产生了矛盾；再加上婴幼儿免疫功能不完善，机体的抵抗力较差，因此容易发生腹泻。

（1）非感染性因素引起的腹泻。主要是由喂养不当引起的，如喂奶量过多或过少、辅食添加得过早或过于突然、食物不易消化、饮食不定时、生冷食物过多等，均可导致腹泻。

（2）感染性因素引起的腹泻。主要包括肠道内感染因素和肠道外感染因素。婴幼儿的食物和食具被细菌或病毒污染后，会引起肠道内感染；此外，婴幼儿在患某些急性传染病时，这些肠道外感染因素也会引起腹泻。

2）症状

腹泻症状较轻者多因为饮食不当或肠道外感染，大便一日数次至十余次，呈稀糊状或蛋花汤样，体温正常或仅有低热，食欲受影响不大。

腹泻症状较严重者多因为肠道内感染，即患了急性肠炎。婴幼儿腹泻大多是此类腹泻，其特点是：发病急，一日腹泻十至数十次，大便呈水样，尿量减少或无尿，食欲减退，伴有频繁呕吐。因大量失水，患儿表现为精神萎靡、眼窝凹陷、口唇及皮肤干燥、皮肤弹性差，甚至会发生昏迷，严重者危及生命。

3）护理

（1）调整饮食。腹泻时，婴幼儿消化能力下降，如果此时大量进食，那么不仅营养物质不能被消化吸收，还会增加肠胃的负担，使病情加重。适当减少进食量有利于身体恢复。

腹泻症状较轻者可定时进食，但应适当减少进食量，食物以易消化为宜；腹泻症状较重者应适当减少进食次数。此外，可以根据病情需要让婴幼儿口服补液，以防脱水。

（2）注意腹部保暖。可以用热水袋（水太烫时需用毛巾包裹）热敷患儿腹部。

（3）保持局部清洁。患儿每次腹泻后，用温水清洗其臀部，特别是皮肤褶皱处。若出现红臀，则应在患处涂抹护臀膏（或霜）以减轻不适。

4）预防

（1）提倡合理喂养。给婴幼儿添加辅食时，应遵循由少到多、由细到粗、由稀到稠的渐进原则，且每次只添加 1 种。夏天天气炎热，会影响婴幼儿食欲，所以不宜给婴幼儿断奶。

（2）悉心照顾婴幼儿，避免其腹部受凉。尤其在夏季，使用空调、电扇时不能让风直吹婴幼儿，并且室内温度不能设置得过低。

（3）讲究饮食卫生。生吃的瓜果和蔬菜必须洗净，最好削皮后再给婴幼儿食用。

（4）隔离消毒。对腹泻患儿应进行隔离治疗，并对患儿用过的毛巾、尿布、便盆等彻底消毒，以免交叉感染。

2．湿疹

1）病因

湿疹是一种比较常见的过敏性皮肤病。引起过敏的原因很多，可由食物如牛奶、羊奶、鱼、虾、蛋、花生等引起，也可由灰尘、羊毛、化纤等引起。但往往难以找出确切的原因。

2）症状

湿疹多发于 2～3 月龄的婴儿。湿疹发生的部位多在面部，最初为细小的疹子，后期有液体渗出，干燥后会形成黄色痂皮。因为皮肤发痒，所以婴儿睡觉不踏实，常常哭闹。湿疹多数在 2 岁后自愈。

3）护理

（1）合理饮食。哺乳母亲应尽量少吃刺激性食物，多吃富含维生素的食物。

（2）选用婴幼儿专用洗涤用品。最好选用婴幼儿专用的中性洗涤用品，切勿用碱性肥皂给婴幼儿洗手洗脸。用肥皂或洗衣粉洗过的衣服或尿布，必须用清水漂洗干净，以免刺激婴幼儿皮肤。

（3）选用棉质衣料。应为婴幼儿选用质地柔软的棉布衣料制作内衣和尿布，不用化纤、羊毛制品制作贴身衣服和帽子。

（4）家中最好不用地毯。地毯容易藏污纳垢，并且不易清洗，是家中常见的致病源和过敏源。为了保证婴幼儿的健康成长，建议有小孩的家中不用地毯。

3．泌尿系统感染（尿道炎、膀胱炎、急性肾盂肾炎）

1）病因

80%～90%的泌尿系统感染是由大肠杆菌引起的。通常女孩的发病率高于男孩，这是因为女孩的尿道短，更容易引起感染。

2）症状

（1）急性肾盂肾炎在小儿泌尿系统感染中较常见。多数患儿发病时有高热、面色苍白，以及呕吐、腹痛、腹泻等症状，也常伴有精神萎靡、昏睡等症状。为此，若婴幼儿有不明原因的发热症状，应及时检查尿常规，进行细菌培养，以免漏诊。

（2）膀胱炎、尿道炎为下尿路感染，主要有尿频、尿急、尿痛、排尿困难、尿道有烧灼感等症状，一般不影响肾功能。

3）护理

（1）应多休息，多饮水，多排尿，减少细菌在尿道内的停留时间，以减轻症状。

（2）在医生指导下使用抗生素。

（3）如果泌尿系统感染反复发作，需考虑有无尿道畸形，并做进一步检查。

（4）由于肾盂肾炎较易复发和重复感染，痊愈后仍需定期复查，通常每3～6个月复查1次，连续2年。

4）预防

（1）加强卫生教育，尽早穿整裆裤。

（2）平时多饮温开水，多排尿，以冲洗尿道。

（3）治疗各种肠道疾病和传染病，彻底治疗蛲虫病。

【实训卡片】

根据本节所学内容，梳理知识点，填写表2-1-3。

表2-1-3　婴幼儿常见疾病统计表

疾病名称	典型症状	护理要点	预防措施

任务二　意外伤害事故应急处理与预防

【情境导入】

2020年11月，福建漳州某民办幼儿园，一5岁男童不慎跌入汤桶内被严重烫伤。监控显示，一女员工将汤桶放在过道后离开，两名男童在过道上打闹，其中一男童在倒退时不慎跌入汤桶内。该男童经送医检查，被诊断为躯干、臀部和双下肢重度

急救常识普及的重要性

烫伤。

报道称，目前该男童仍在医院接受治疗。

网友评论：

"不用说，又是幼儿园员工麻痹大意，这种滚烫的物品根本不该放在孩子附近并且无人看管！"

"不能怪孩子，这个年龄的孩子活泼好动，哪里知道危险，老师怎么能把滚烫的物品放在孩子能碰到的地方呢？太没责任心了！"

"在抖音上观看过这条视频，很多人在猛烈声讨家长。我都被搞糊涂了，这一大桶高温液体就这样放在地上，没有任何防护，居然说是家长的问题。几岁的孩子能听懂吗？别说几岁了，十几岁打打闹闹的孩子都未必记得身后有个汤桶。孩子不知道，难道幼儿园里的老师也不知道吗？这种操作完全是个低级错误，这种幼儿园就不应该继续办下去，老师都没有安全意识还怎么教育孩子？"

作为未来的小老师们，该如何避免以上情况的发生呢？

据统计，全球每年约有 1.3 亿名新生儿，其中约 1000 万名死于出生后 1 年，约 400 万名死于出生后 4 周。后者约有 1/4 死于窒息。

世界卫生组织发现，每年约有 83 万名婴幼儿死于非故意伤害或意外伤害，另有数以百万计的婴幼儿虽未致命，但需要终身治疗康复。

在我国，每年约有 5 万名婴幼儿因意外伤害而死亡，其中由气管异物堵塞引起的窒息而亡的婴幼儿有近 3000 名，即每 5 天就至少有 1 名婴幼儿因被食物卡住喉咙而窒息死亡。

所有因意外死亡的 5 岁以下的婴幼儿中，窒息是排在第 4 位的死因。这意味着无数幸福的家庭瞬间崩塌。而这个数据，仅仅统计的是婴幼儿。

第一节　常见伤害的应急处理方法

活泼好动是婴幼儿的天性，并且婴幼儿不可能生活在没有任何危险的环境中，因此除必须注意婴幼儿的安全外，家长和老师还应该学习和掌握一些婴幼儿意外事故的急救与处理方法。一旦婴幼儿发生意外，家长和老师应立即采取一些急救的措施，以减少可能发生的伤害。

一、摔伤

婴幼儿由于年龄偏小，身体各项功能尚未发育完全，身体的控制能力及协调能力相对较弱，因此在活动中极易摔伤。老师应学会根据不同的情况进行妥善处理。

如果孩子是在走路时摔伤的，那么大多伤的是表皮。在有血肿形成时，可以把冰块装入小塑料袋用干毛巾包好后冷敷血肿处，以起到止血镇痛的作用。表皮被擦破时，先用生理盐水冲洗并拭干，然后用 75%酒精或碘伏消毒液由内向外消毒伤口，最后用无菌纱布包扎伤口，以避免伤口出现感染和促进结痂。

如果孩子是从高处摔下后受伤的，那么切勿掉以轻心。有下列情况时应立即送医院治疗。

（1）摔伤后出现剧烈疼痛，并且拒绝家长抚摸检查，甚至有假关节的体征，很有可能是骨折，建议立即送孩子去医院就诊。

（2）若伤及头部，应观察头部有无血肿，并进行持续观察。有的孩子颅内出血量不大，初期症状不明显，20～30 分钟后出现乏力、倦怠、呕吐及抽搐等严重症状，必须及时送医。如果是单纯的头皮血肿，及时冷敷即可，切勿按摩。

（3）伤及胸部、腹部、背部时，应观察有无腹部膨隆、腹痛、口渴、小便是否带血等，并根据情况及时送医。

（4）如果不清楚孩子伤在什么部位，那么除应观察孩子有无上述各种情况外，还应观察孩子的精神状态。

孩子摔伤后，无论情况如何，都不能立即给孩子服用止痛药、镇静药等，特别是不应立即哄孩子入睡，这些做法都会掩盖病情，使病情加重。此外在送孩子去医院的路上应尽量让其保持一定的姿势，特别是对于骨折的孩子，应将其患肢相对固定，这样可以控制病情的发展并减轻疼痛。

二、切割伤

幼儿在使用剪刀、小刀等或触摸破碎的玻璃器具时，常会发生划伤或切割伤。对于较浅的伤口，应该先用生理盐水冲洗并拭干，如果伤口中有玻璃碎片，那么可用消过毒的镊子将玻璃碎片取出后再用 75%酒精或碘伏消毒液由内向外消毒伤口，最后用无菌纱布包扎伤口。对于较深的伤口，则应根据出血部位采用相应的止血方法，并迅速送到医院救治。

三、烫伤（烧伤）

烧伤泛指由热液、电流、化学物质、激光、放射线等造成的组织损伤。幼儿烧伤大多是由火焰、热液、蒸汽、热固体、电流等引起的热力烧伤，伤情根据烧伤的面积、深度和部位判定；同时应考虑全身情况。烧伤深度目前普遍采用 3 度 4 分法，即Ⅰ度、浅Ⅱ度、深Ⅱ度、Ⅲ度，其中，Ⅰ度烧伤和浅Ⅱ度烧伤属于浅度烧伤，深Ⅱ度烧伤和Ⅲ度烧伤属于深度烧伤。

Ⅰ度烧伤为表皮受损，局部皮肤发红，感到灼痛，没有水疱。

Ⅱ度烧伤的损伤深及真皮，局部红肿有水疱，疼痛剧烈。

Ⅲ度烧伤的损伤深及皮肤全层，累及肌肉。

烧伤的处理原则是：正确实施现场急救，去除致伤原因，迅速处理危及幼儿生命的损伤，如窒息、大出血、开放性气胸及中毒等；若心跳呼吸停止，应该立即就地进行心肺复苏。

如果是火焰烧伤，那么应该尽快脱离火场，脱去燃烧的衣物；或者就地翻滚，就近用非易燃物品（如棉被、毛毯）覆盖火焰，以隔绝空气达到灭火的目的。同时应保持呼吸道通畅。如果合并一氧化碳中毒，那么应该移至通风处。烧伤部位立即用冷水（15℃～25℃）连续冲洗或浸泡，既可减轻疼痛，又可防止余热继续损伤组织。剪开并取下伤处的衣裤，不可剥脱，创面可用干净的敷料或布类轻轻包扎以防止感染。将患儿紧急处理好后，必须及时送医院处理，切勿耽误治疗时机。此外，切勿刺破水疱，防止创面再损伤和污染。避免用有色药物、盐、食用碱、酱油、醋、牙膏等涂抹，以免刺激创面，加重损伤，同时影响对烧伤深度的判断。

四、扭伤

扭伤是指因关节活动过度而造成的关节周围筋膜、肌肉及肌腱等的损伤或撕裂。幼儿在活动时爱跑、爱跳、爱追逐，因此很容易造成扭伤。扭伤常发生于颈部、腕部、腰部和踝部，会出现关节肿胀、剧痛、皮下淤血等症状。幼儿扭伤后可用冷湿布或干毛巾包裹冰块敷于伤处，并迅速固定受伤部位，限制受伤部位活动，以免造成进一步的损伤，再将患儿送至医院就医。在送往医院的过程中，手足扭伤者可抬高其伤肢，颈部、腰部扭伤者应让其仰卧在硬板上。必须注意的是，扭伤后，无论伤情轻重，切忌立刻热敷或推拿按摩。

五、出血

出血是指血管破裂导致血液流至血管外。出血按出血血管类型分为动脉出血、静脉出血和毛细血管出血。动脉出血的特点是血液呈喷射状向外涌出或随心搏节律性喷射，血色鲜红；静脉出血的特点是血液漫涌而出，血色暗红；毛细血管出血的特点是血液缓慢渗出，血色鲜红。

出血按出血部位又分为外出血和内出血。外出血是指血液经伤口流到体外，在体表可见到血，常见于切割伤、刺伤等；内出血是指血液流到组织间隙、体腔或皮下，虽然体表没有伤口，无血液外流，但对幼儿生命的威胁很大，必须立即送医院诊治。幼儿内出血的一般性判断标准为：发生过外伤，皮肤有撞击痕迹，局部肿胀；烦躁不安或表情淡漠，甚至意识不清；面色苍白，皮肤发绀；出现口渴、手足湿冷、出冷汗、脉搏快而弱、呼吸急促等症状。

下面根据外出血的类型介绍几种常用的止血方法。

（一）直接压迫止血法

该法是最直接、快速、有效、安全的止血方法，可用于大部分外出血的止血。首先快速检查幼儿伤口内有无异物，如果有表浅异物，那么应先将其取出，再用干净的纱布或棉布等覆盖在伤口上；并用手持续用力压迫止血。如果敷料被血液湿透，切勿更换，而是应在其上覆盖新的敷料，继续压迫止血，等待救护车的到来。

（二）加压包扎止血法

该法是先用数层无菌敷料盖住伤口，再用绷带或三角巾加压包扎，绑扎的松紧度以能达到止血效果为宜。该法适用于静脉出血、毛细血管出血，以及上下肢、肘、膝等部位的小动脉出血。当伤口在肘窝、腋窝、腹股沟时，可在伤口处放置敷料后，屈肢固定在躯干上加压包扎止血。必须注意的是，在骨折、可疑骨折或关节脱位时，不宜使用此法。

（三）止血带止血法

该法是用橡胶止血带或布制止血带绑扎伤口近心端肌肉多的部位，绑扎的松紧度以摸不到远端动脉的搏动、伤口刚好止血为宜。若绑扎过松，则无止血作用；而若绑扎过紧，则又容易造成肢体损伤或缺血坏死。止血带止血法是快速止血的有效方法，但只适用于四肢有大血管损伤，直接压迫无法控制出血，或者不能使用其他方法止血以致危及生命等情况。

几种出血的处理方法见表 2-2-1。

表 2-2-1　几种出血的处理方法

出血位置	处理方法
面部	压迫两侧下颌骨，救护者可用拇指在伤口同侧下颌骨前方 2 厘米处触摸到动脉搏动
前臂	压迫肘窝（偏内侧）动脉跳动处
手掌、手背	压迫腕动脉跳动处
大腿	屈曲大腿，压迫大腿根腹股沟动脉跳动处
脚部	压迫脚背动脉跳动处

六、异物入体

（一）眼内异物

幼儿眼内进入的异物最为多见的是小沙粒、小飞虫等，应嘱咐幼儿切勿按压或揉搓眼睛，以免损伤角膜和巩膜。粘在角膜或巩膜表面的异物，翻开眼皮后可用干净柔软的棉布或棉签轻轻擦去。如果未能取出异物，幼儿仍感觉极度不适，应去医院治疗。

平时应培养幼儿爱护眼睛的习惯。教育他们切勿用脏手揉眼睛，不玩尖锐物品，不互相扔沙子，以防异物入眼。此外，还应教育他们切勿玩铁丝、小刀、毛衣针、树枝等，以防刺伤或划伤眼睛。日常用的消毒液和杀虫剂等应妥善保管，以防止液体溅入幼儿眼内，造成烧灼伤。

（二）鼻腔异物

幼儿在玩耍时喜欢将豆类、塑料块、金属珠、纸团等塞入鼻腔，这些异物难以排出，有时甚至会被遗忘在鼻腔内。主要表现为单侧鼻塞，流脓涕、脓血涕及发臭。刺激性小的光滑异物如纽扣和玻璃球等短期内症状不明显，易吸水膨胀和腐败的植物性异物如豆类和果仁等症状较重。处理鼻腔异物时，应轻声安慰幼儿，切勿恐吓、训斥幼儿，以免引起哭闹，使异物有可能继续下行，增加取出的难度。对于塞入较浅的异物，可争取幼儿的合作，让其深吸一口气，用手紧按无异物一侧的鼻孔，令幼儿用力擤，有时异物可自然擤出。如果此法无效，切勿用镊子夹取圆形异物，因为这样稍有不慎，不但不能取出异物，而且会将异物推向鼻腔深处，甚至落入气管而危及生命。异物取出后，如果有鼻黏膜损伤，可根据具体情况涂消炎药膏或口服消炎药。凡是经简单处理不能取出的异物，均应立即去医院请医生用专用的器械取出。

（三）外耳道异物

异物进入幼儿外耳道多发于幼儿午睡或自由活动时。有时会有动物性异物如小昆虫在幼儿午睡时爬入幼儿的外耳道，有时幼儿出于好奇会将随手玩的小异物塞入自己的外耳道。幼儿因异物进入耳内可能会出现惊恐不安、自行掏挖等现象，从而引起耳鸣、耳痛、外耳道炎症及听力障碍等。

处理方法：若异物为小昆虫，可用手电筒以强光对着幼儿的外耳道口，引诱昆虫自行爬出，若无效，切勿盲目操作，应迅速去医院处理；若异物为小石块、纽扣、豆类等，可以让幼儿尝试歪头单脚跳以便将异物弹出，若无效，切勿自作主张用镊子夹取，以免损伤外耳道及鼓膜，应迅速去医院处理。

有时在给幼儿洗头时，可能会将水溅入其外耳道，引起耳鸣。这时可用双手紧捂幼儿两侧耳廓，然后迅速松开，借助气流的冲击作用将水弹出；也可用柔软的卫生纸捻成长条，轻轻伸入幼儿的外耳道以吸干水分。

（四）咽部异物

咽部异物是幼儿在进食时将混在食物中的鱼刺、骨片、果核等误咽所致，或者是在口中含有硬币、玩具等物玩耍时不慎误咽所致。常见的临床表现有鱼刺、木签、骨头渣、枣核等刺入扁桃体、舌根、会厌谷或梨状窝等处，引起咽部有异物感或刺痛感及吞咽困难等症状，空咽时症状加重。若有较大的异物停留于下咽部则会出现哽噎、呼吸困难等症状。咽部有异物时，切勿采用吞咽饭团或菜团及喝醋等方法，这样做可能会使异物越刺越深，引起咽部出血。此外尖锐异物还可能刺穿咽黏膜，埋藏于咽后壁，引起继发感染。处理时，必须对着明亮的日光或灯光，使光线能直射到咽部，让患儿张口和安静地呼吸，然后用压舌板或两根筷子轻轻将舌头压下，使咽喉部暴露清楚。如果是鱼刺，往往一端刺入组织，另一端暴露在外，呈白色，用镊子夹出即可；如果异物位于舌根、会厌谷、梨状窝及环后隙等较深位置，那么应送医院处理。

第二节　意外事故急救知识与技能

当今社会，幼儿照护服务行业蓬勃发展，从业者倘若想在竞争激烈的市场中脱颖而出，就必须拥有相应的职业资格证书。因此，本节将结合课程内容与幼儿照护职业技能等级证书考试内容，系统地为同学们进行内容解析，帮助大家全面了解考证的要求及备考策略。学习本节内容有助于学生顺利通过幼儿照护职业技能等级资格考试，为未来的职业发展打下坚实的基础。

头皮血肿现场救护
指导

一、头皮血肿

（一）基础知识

1. 头皮血肿

头皮血肿是指头皮软组织闭合性损伤，多因钝器伤及头皮所致。头皮血肿按血肿出现于头皮内的具体层次可分为皮下血肿、帽状腱膜下血肿和骨膜下血肿，见图 2-2-1。

2. 血肿表现

（1）皮下血肿。血肿体积小、张力高、压痛明显，周边较中心区硬，易被误认为颅骨凹陷性骨折。

（2）帽状腱膜下血肿。因该处组织疏松，出血较易扩散，严重者血肿可蔓延至全头部。小儿及体弱者，可致贫血甚至休克。

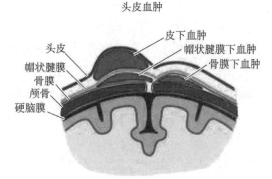

图 2-2-1

（3）骨膜下血肿。血肿大多局限于某一颅骨范围内，以骨缝为界，张力较高。

3. 婴幼儿头皮血肿的原因

（1）若头皮血肿是因为遭受外力打击，则应该到医院治疗，最好去专门的脑科医院。

（2）若头皮血肿是由疾病引起的，则最好到医院皮肤科了解一下头皮部位的疾病对患儿造成的影响。

（3）临床认为头皮血肿有可能是由胎儿头部娩出时过度牵拉对头皮部位造成挤压引起的。

（4）头皮血肿的发生和血肿部位有关系，可以根据患儿头皮表面的情况来判断发病原因。如果红肿疼痛现象明显，那么可能是由严重感染性疾病造成的。

在出现头皮血肿的早期应进行冷敷，一般建议在受伤后 24～48 小时内采取冷敷，然后改为热敷，这样能够有效促进头皮血肿的吸收。如果 1 周左右头皮血肿仍未被有效吸收，那么可以考虑请神经外科医生在无菌操作条件下对头皮血肿进行穿刺，抽吸后再加压包扎。

（二）急救处理

较小的头皮血肿一般在 1～2 周内可自行吸收，无须特殊处理。24 小时内可进行冷敷，以减少出血、肿胀和疼痛；24～48 小时后，可以热敷以促进血肿吸收。

若头皮血肿较大，则需要及时就诊。对于已感染的头皮血肿，应切开引流。具体的现场救护操作流程如下。

（1）照护者立即平稳抱起患儿，将其带到安全舒适的地方，放平。检查患儿四肢及全身损伤情况，并安抚患儿。

（2）小的头皮血肿无须特殊处理。

① 受伤 24 小时内进行冷敷，以减少出血、肿胀和疼痛。同时，为患儿创造安静舒适的休息环境，并认真观察患儿的情况变化。如果有头痛、头晕、恶心、呕吐、躁动不安或嗜睡等异常表现，应该及时送往医院治疗。冷敷方法：取冰块（或冰袋）用小毛巾包裹后敷在血肿处，每次间隔不超过 2 小时。如果没有备好的冰块（或冰袋），也可以用冷湿敷的

方法处理，即将毛巾在冷水中浸湿，取出拧至不滴水，折叠好敷于血肿处，每 4～5 分钟更换 1 次毛巾。每次冷敷 20～30 分钟，每天可敷多次。注意观察局部皮肤变化，确保患儿局部皮肤无发紫、麻木及冻伤。

② 24～48 小时后，可以进行热敷以促进血肿吸收。可以选择干热敷或湿热敷。干热敷方法为：在热水袋中灌入 2/3 体积的 60℃～70℃的热水，排出气体，旋紧袋口装入布套或用毛巾包好敷于血肿部位，5 分钟左右更换 1 次毛巾。每次热敷 20～30 分钟，每日敷 3～4 次。

（3）头皮血肿较大时，需要立即送往医院治疗。医生应在严格的无菌条件下先进行血肿穿刺和抽出积血，再进行加压包扎，并记录幼儿情况和急救过程。

【实训卡片】

小强，3 岁，男，平时在托幼机构生活。一天小强下楼去玩，在楼梯拐角处脚下踩空，头部磕到护栏上，皮肤没有磕破，但出现了 1 个核桃般大小略鼓的青包。

实训任务：作为照护者，请完成小强头皮血肿的急救处理，具体内容见表 2-2-2。

表 2-2-2　幼儿头皮血肿现场救护操作流程

考核内容		口述流程（请按照考核要求完成以下内容）
物品		冰袋和热水袋、小毛巾 2 条、脸盆、冷水和热水各 1 瓶、手部消毒剂、记录本和笔
口述内容	评估	评委老师好，我是××号考生，我今天考核的项目是头皮血肿的现场救护，请问可以开始了吗？ 发现幼儿撞到头部，经评估： 环境： 物品： 幼儿：
	预期目标	我的预期目标是： （1） （2） （3）
	观察情况	观察幼儿的生命体征、面色、意识状态，检查头皮血肿的部位、体积及有无伤口出血等，评估血肿的严重程度、疼痛程度等。经初步检查，幼儿生命体征平稳、意识清醒、左前额有 1 块直径约 2 厘米的血肿，无伤口出血
	急救处理	（1）将幼儿抱起，放在安全、舒适、安静的环境中，并给予安抚。 （2）血肿____小时内进行冷敷，以减少出血、肿胀和疼痛。 （3）倒冷水于盆内，放入毛巾，取出拧至不滴水，敷于_____处，每条毛巾____分钟交替使用，每次冷敷____分钟，也可用____冷敷。 （4）观察幼儿是否有头痛、头晕、恶心、呕吐、躁动不安或嗜睡等异常表现，如果有，那么应及时送往医院治疗。____小时后，可以热敷以促进血肿吸收。 （5）热敷的方法与冷敷相同。可以用热水袋热敷：包上毛巾，口朝上敷于患处，每次热敷以____分钟为宜，热水温度不宜超过____℃
	整理记录	倒污水，将盆、毛巾、热水袋、热水瓶、冷水瓶等放于治疗车下层，安排幼儿休息，洗手，记录救护情况，并与家长进行有效沟通
	结束	报告老师，操作完毕，请各位老师批评指正

二、热性惊厥

（一）基础知识

1. 热性惊厥

热性惊厥是婴幼儿时期常见的神经系统疾病，是指在体温高的情况下出现抽搐的症状。

一般发生在发热的 0～24 小时内，持续时间多在 5 分钟内。

热性惊厥的病因不清，可能与遗传、婴幼儿神经系统发育不成熟和髓鞘发育不良等有关。热性惊厥可分为单纯性热性惊厥和复杂性热性惊厥，见表 2-2-3。

表 2-2-3 单纯性热性惊厥和复杂性热性惊厥的比较

比较项	单纯性热性惊厥	复杂性热性惊厥
发病率	在热性惊厥中约占 80%	在热性惊厥中约占 20%
惊厥发作年龄	6 月龄至 5 岁	6 月龄以下或 6 岁以上
惊厥发作形式	全身性发作	局限性发作或不对称发作
惊厥持续时间	短暂发作 大多数在 5~10 分钟	长时间发作 大于 15 分钟
同一发热疾病惊厥发作次数	1 次热程仅有 1 次发作	24 小时内反复发作
惊厥后的恢复情况	预后良好	需进一步检查

2. 婴幼儿热性惊厥的表现

热性惊厥发生时的 3 个代表性表现如下。

（1）发热。

（2）意识障碍。突然失去意识，站立或活动时突然倒地不起。

（3）抽搐。面部的表现为眼球固定或上翻、凝视或斜视，脸部肌肉抽动，牙关紧闭伴口唇发绀，口吐白沫或流涎；四肢的表现为全身僵直、痉挛、松软无力，四肢抽动；肌肉的表现为全身肌肉的不自主运动，如胃部、肠道肛门肌肉的不自主运动会导致呕吐和大小便失禁。

以上抽搐发生的症状，可能单个或多个同时出现，尤其是复杂性热性惊厥局限性发作时，可能只出现面部不自主抽动或四肢抽动。尤其对于 1 岁以内的婴儿，冬季来临时家长会将婴儿裹得像粽子，不容易发现婴儿是否抽搐，这时需要家长多观察，以便及时发现问题。

（二）急救处理

首先需要明确的是没有任何措施可以帮患儿立即停止惊厥，大多数热性惊厥在几分钟内会自行停止。因此应尽量保持冷静。

1. 具体操作流程

（1）将患儿放在平整的表面上，如地板或床上，去除患儿附近的坚硬或尖锐物体，确保患儿周围环境安全。

（2）让患儿平卧，松解过紧的衣物，解开颈部纽扣。

（3）让患儿的头偏向一侧，防止患儿吸入呕吐物或分泌物等。

（4）用软布把患儿口周围的唾液和残渣清理干净，但切勿强行探入患儿口中。如果患儿口中有食物，将其头转向一侧，切勿试图将食物取出。

（5）避免声音和光对患儿的刺激，且禁止摇晃患儿和给患儿喂水。

（6）仔细观察惊厥开始及结束的时间、患儿表现等，以便带患儿去医院时向医生描述。如果有可能，最好将患儿惊厥的全过程录成视频。

（7）家长可拨打 120 急救电话寻求指导，为抢救赢得时间。

（8）惊厥过后，应带患儿去医院就诊，明确惊厥原因。

急救卡片

婴幼儿热性惊厥发作时切勿做以下事情：

（1）患儿紧闭牙关时，抠患儿喉咙；

（2）患儿两眼上翻时，掐患儿人中；

（3）患儿口吐白沫时，往患儿口里塞药物；

（4）患儿四肢抽搐时，强行压住患儿。

惊厥不可怕，但错误的处理方法可能会威胁患儿的生命。

2. 热性惊厥的预防方法

因为婴幼儿抽搐的病因不同，预防的方法和措施也不一样。以下方法可能有助于预防或减少婴幼儿抽搐的发生。

（1）婴幼儿出生后积极接种疫苗，减少感染性疾病的发生。

（2）婴幼儿日常饮食应均衡，此外还应积极锻炼身体，勤洗手，预防交叉感染。

热性惊厥婴幼儿的
现场救护

（3）积极治疗导致婴幼儿抽搐和惊厥的原发疾病。

（4）有家族史或既往发生过抽搐的婴幼儿的父母，可以通过学习认识婴幼儿抽搐的病因，以减轻对婴幼儿抽搐发作的焦虑和恐惧，避免不必要甚至不恰当的过度医疗。

【实训卡片】

3 岁的小明昨天开始发热，体温最高达到 39 ℃。今天早晨，小明突然惊厥，表现为四肢僵硬、眼球上翻、牙关紧闭。

实训任务：请对标热性惊厥幼儿的急救处理考核标准，完成小明高热惊厥的急救处理，具体内容见表 2-2-4。

表 2-2-4　热性惊厥幼儿现场救护操作流程

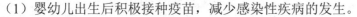

考核内容		口述流程（请按照考核要求完成以下内容）
物品		纱布、毛巾、脸盆、温水、手部消毒剂、记录本和笔
口述内容	评估	评委老师好，我是××号考生，我今天考核的项目是热性惊厥的现场救护，请问可以开始了吗？ 发现幼儿高热并伴有抽搐，经评估： 环境： 物品： 幼儿：
	预期目标	我的预期目标是： （1） （2） （3）

考核内容		口述流程（请按照考核要求完成以下内容）
口述内容	观察情况	发现幼儿体温骤升至39℃，有意识障碍和强制性肌肉痉挛，皮肤完好。惊厥呈阵发性，每次持续5～10秒，伴有双眼上翻、口唇发绀、口吐白沫等症状
	急救处理	（1）检查幼儿全身无外伤，但有窒息的危险，立即采取侧卧位。 （2）解开幼儿_____，清除_____分泌物和呕吐物，指压_____。 （3）将纱布放于幼儿_____，移开床上硬物，床边加设床栏，保护幼儿安全。 （4）用温水擦拭幼儿身体，使其体温下降至正常范围，幼儿意识清醒、瞳孔无异常。 （5）抽搐缓解后迅速将幼儿送医院就诊
	整理记录	洗手，记录病情发作、持续时间和救护过程，并及时与家长进行有效沟通
	结束	报告老师，操作完毕，请各位老师批评指正

三、骨折急救

（一）基础知识

1. 骨折的定义

骨折是指骨的完整性和连续性中断，临床中常见的骨折是创伤性骨折，原因有直接暴力、间接暴力和疲劳等。

2. 骨折的分类

（1）按照完整性分为闭合性骨折和开放性骨折。

（2）按照骨折程度和形态分为：横行骨折、粉碎性骨折、斜形骨折、青枝骨折、嵌插骨折、螺旋骨折、压缩骨折、骨骺损伤等。

（3）按照骨折端稳定程度分为：稳定性骨折和不稳定性骨折。

3. 婴幼儿骨折的表现

（1）婴幼儿会感觉到肢体疼痛。

（2）局部会发热和发红，甚至红肿。

（3）会出现骨擦音和功能障碍，如婴幼儿前臂不能屈伸，一屈伸就会疼痛，出现功能障碍。

（二）急救处理

骨折急救的目的是用简单而有效的方法保护患肢及迅速送医。

（1）伤口处理。对于开放性伤口，应及时止血，清除表面异物。如果骨折端外露，禁止移动，切勿将其放回原处。

骨折急救处理

（2）伤口封闭。先用干净的纱布覆盖伤口，接着用布带包扎。包扎时松紧应适度。

（3）临时固定。不随意搬运或牵拉骨折患者，尽可能保持伤肢位置固定。

急救处理流程如下。

（1）对患儿进行安慰。

（2）如果是开放性骨折，伤口一般出血较多，应该立即找来干净的布包扎止血。除非被利器所伤，否则应将伤口表面的异物去掉。尽量不用止血带，因为使用不当很可能会造成肢体坏死，导致截肢。

（3）对于任何骨折，第一时间都应进行患肢制动。制动的主要目的是减轻疼痛，其次是为了防止不稳定的骨折端损伤神经和血管。

最好使患儿平卧，切勿随意搬动，更不能对受伤部位进行拉拽、按摩。先检查受伤部位，再找一个坚实的固定物对骨折部位进行固定。如果现场无法获得制动的材料，也可以用卷好的报纸、厚纸板或木条代替。固定时应注意如下几点。

①固定物应放在患肢的外侧，但切勿覆盖伤口。

②捆绑固定物时，绳结必须打在固定物上，切勿直接打在患肢上，以减轻捆绑的压迫伤害。

③固定后将受伤的上肢屈肘 90°置于胸前，用布或丝巾做成的带子悬吊。

（4）切勿试图把变形或弯曲的患肢弄直，尤其是开放性骨折端外露部分，以免损伤周围组织、血管和神经而引起感染。对于没有开放性伤口且肿胀明显的位置可以使用冰块冷敷。

（5）送患儿去医院的途中动作应该轻和稳，防止震动和触碰患肢，注意保暖，禁止患儿进食或饮水。

【实训卡片】

在某托幼机构，小朋友们下楼去户外活动时，在二楼的楼梯拐弯处，明明突然被身后一个顽皮的小朋友推了一下，从楼梯上摔了下去，导致左前臂出血、肿胀、不能屈伸。

实训任务：请问明明出现了什么情况？作为照护者应该如何处理？具体见表 2-2-5。

表 2-2-5　骨折急救现场操作流程

考核内容		口述流程（请按照考核要求完成以下内容）
物品		冰袋、纱布、胶布、夹板、三角巾、记录本和笔
口述内容	评估	评委老师好，我是××号考生，我今天考核的项目是骨折的现场救护，请问可以开始了吗？ 发现幼儿的左前臂出血、肿胀、不能屈伸，经评估： 环境： 物品： 幼儿：
	预期目标	我的预期目标是： （1） （2） （3）
	观察情况	经初步检查，幼儿生命体征平稳、意识清醒，_____骨折，骨折处有肿胀、出血，无骨折端外露
	急救处理	（1）拨打 120 急救电话。 （2）安抚幼儿。 （3）清理伤口周围污物，用纱布覆盖伤口，并用胶布黏住纱布。 （4）前臂屈曲呈_____，掌心_____。 （5）放夹板（左右各一，长度过关节），垫纱布，_____（先远心端后近心端，松紧以伸入 1 个手指为宜）。观察_____血运情况，发现幼儿的手指活动自如、皮肤颜色正常、温度正常、末梢血运良好，必要时_____患处。 （6）三角巾置于胸前，绕过_____，顶角向肘部，调整三角巾长度使其与前臂呈_____
	整理记录	尽快将幼儿就近送往医院接受专业治疗。在转运过程中，注意保暖，保持肢体处于功能位，并密切观察幼儿的反应。若幼儿出现呛咳、恶心、疼痛加剧等症状，则立即处理
	结束	报告老师，操作完毕，请各位老师批评指正

四、心肺复苏

心肺复苏术是一种针对呼吸衰弱或心脏骤停患儿进行急救的重要手段。开展心肺复苏的时间越早越好，发病 1 分钟内开展心肺复苏的成功概率可以达到 90%，4 分钟内的成功概率为 60%，超过 10 分钟的成功概率很小。抓住黄金 4 分钟，争分夺秒地开展心肺复苏，能够大大提高患儿的存活率。

（一）快速判断的方法

（1）确认现场环境安全后拍打患儿的足底并呼喊患儿，检查患儿是否有反应，见图 2-2-2。

（2）让患儿平卧在坚固平坦的地面上，一只手抬起患儿的下巴，另一只手按住患儿的额头，观察患儿的胸廓是否有起伏。观察至少 5 秒但不超过 10 秒，若没有起伏则说明呼吸停止了，此时应该进行心肺复苏，见图 2-2-3。

图 2-2-2

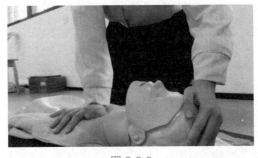

图 2-2-3

（二）抢救的黄金 4 分钟

抢救的一般操作步骤如下所述。

（1）清除口腔内的分泌物。

（2）进行 2～5 次人工呼吸。

（3）进行 30 次胸外按压。

（4）持续交替进行 2 次人工呼吸与 30 次胸外按压。

（5）患儿恢复知觉或自主呼吸后恢复其体位，等待救援或立即送医院治疗。

婴儿（0～1 岁）的胸外按压注意事项如下。

（1）让患儿平卧在坚硬的平面（地面或桌面）上。

（2）跪或站在患儿一侧，用 2 个手指放在患儿胸部中间（比乳头连线中点略低 1 指左右）。

（3）手指垂直按压患儿胸骨，使其胸部下陷 2 厘米左右，见图 2-2-4。

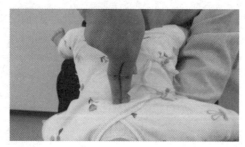

图 2-2-4

（4）放松，但手指不离开患儿胸部。

（5）患儿胸部完全回弹后再次按压。

（6）以 1 分钟 100～120 次的速度按压 30 次。

（三）具体操作流程

1. 现场判断三步骤：一听、二观察、三感觉

（1）双手拍打患儿双肩并呼叫患儿，观察患儿有无反应。

（2）判断脉搏和呼吸。第一步是听，即面部贴近患儿口鼻处听其有无呼吸声响；第二步是观察，即观察患儿有无胸廓起伏；第三步是感觉，即用食指和中指触摸患儿颈动脉，感觉其有无搏动。

（3）呼救帮助。照护者应立即大声呼救，请周围的人（指定到人）帮助拨打 120 急救电话。

2. 急救处理五字法：压、除、吹、复、送

1）压

按压的位置：两乳头连线中点；

按压的深度：胸廓前后径的 1/3 处；

按压的频率：每分钟 100～120 次；

按压的手法：单手掌根按压，按压时手指不可接触胸壁，放松时手掌不离开；肘关节伸直，肩、肘、腕关节成垂直轴面，借助身体重力，以髋关节为轴，垂直用力向下按压；均匀有节律，不可间断。

2）除

将患儿的头轻轻偏向一侧，小心清除其口腔内的分泌物、呕吐物或异物，保证呼吸道通畅。

3）吹

采用仰头举颏法对患儿进行人工呼吸，每次吹气的时间应大于 1 秒，每分钟 16～20 次。患儿平静呼吸后给予人工吹气 2 次，每次吹气 1 秒，同时观察患儿胸部有无起伏。吹气完毕离开患儿的口唇，同时松开捏鼻的手指。

4）复

胸外心脏按压与人工呼吸的比例为 30∶2，即每按压 30 次做 2 次人工呼吸，如此反复，至少 5 个循环，直至心跳和呼吸恢复，并且可以触摸到大动脉搏动。

此外，若患儿的瞳孔由大变小，对光的反射逐渐恢复，且脸色、耳垂、唇色、皮肤、甲床也由紫绀变红润，则说明患儿已脱离生命危险。

5）送

尽快将患儿送往医院进行检查和救治。

五、幼儿误食

（一）基础知识

1. 食物中毒

食物中毒是指因进食含有有毒有害物质的食物而导致的急性、亚急性食源性疾病，一般幼儿的发病率较高。食物中毒后应及早进行救治。

2. 食物中毒的分类

按照诱因的不同，食物中毒可以分为 4 类，分别是细菌性食物中毒、化学性食物中毒、天然有毒食物中毒、真菌污染及霉变食物中毒。

1）细菌性食物中毒

指食用含有细菌或细菌毒素的食物而导致的食物中毒。病原菌有沙门氏菌、副溶血性弧菌、大肠杆菌、葡萄球菌、肉毒杆菌、变形杆菌、产气荚膜杆菌、蜡样芽孢杆菌、空肠弯曲菌、耶尔森菌、枯草杆菌、链球菌等。这些细菌在肠内大量繁殖产生的肠毒素，或者裂解产生的内毒素均会导致食物中毒。此外，细菌侵袭肠壁黏膜也会导致肠胃性食物中毒。细菌性食物中毒发生的原因主要有以下 4 个。

（1）禽畜在宰杀前就是病禽、病畜。

（2）刀具、砧板及用具不洁，生熟食物交叉感染或未经任何卫生处理，导致直接入口食物被致病菌污染。

（3）食物运输或储存的方式不当，如被致病菌污染的食物在较高的温度下存放，食物中充足的水分、适宜的 pH 值及营养条件使致病菌大量繁殖。

（4）食物在食用前未彻底加热，导致未能杀死致病菌。

2）化学性食物中毒

指食用被有毒有害化学物质污染的食物而导致的食物中毒。化学性食物中毒发生的原因主要有以下 5 个。

（1）误食被有毒有害化学物质污染的食物，如被农药、杀鼠药污染的食物，或者使用被有毒有害化学物质污染的餐具进食。

（2）误食食品添加剂、营养强化剂等有毒有害化学物质，如将亚硝酸盐当作食盐、将碳酸钡当作发酵粉。

（3）在食物中添加了非食品级的、假的或禁止使用的食品添加剂和营养强化剂，或者超量使用了食品添加剂。

（4）储存不当造成营养素发生了化学变化，如油脂的酸败。

（5）人为投毒，所投毒物一般为化学性毒物。

3）天然有毒食物中毒

指直接食用有毒的动植物，或者食用虽经加工、烹饪但未能将动植物中的有毒物质去除的食物而导致的食物中毒。天然有毒食物可分为两类：一类是有毒的动物，如河豚、有毒贝类、携带雪卡毒素的鱼类、含有高组胺的鱼类等；另一类是有毒的植物，如毒蘑菇、发芽的马铃薯、曼陀罗、银杏、苦杏仁等。

4）真菌污染及霉变食物中毒

指食用被真菌及其代谢产物污染的食物和霉变食物而导致的食物中毒。烹饪好的食物久放发霉、变质后，发酵食物在制作过程中被有毒真菌污染后，均不可以再食用，以防食物中毒。

生活中可能导致中毒的食物

（1）生豆浆。未煮熟的豆浆含有皂素，如果加热不彻底，毒素没有被破坏，饮用后会导致中毒。因此生豆浆必须在100 ℃下煮约10分钟，方可饮用。

（2）生四季豆。食用未炒熟的四季豆会中毒。四季豆中主要含有两种毒性物质：一种称作豆素，存在于豆子中，需要在较长时间蒸煮的条件下才能被破坏，如在100 ℃下煮20分钟以上；另一种称作皂素，存在于豆皮中，其水解产物对消化道黏膜具有强烈的刺激性。食用未炒熟四季豆中毒后的主要表现有恶心、呕吐、腹痛、腹泻和腹胀等，常伴有头痛或头晕，部分患者有胸闷、心悸、出冷汗、四肢麻木、畏寒等，重者会出现心肌损伤。因此，四季豆必须煮熟后方可食用。

（3）鲜黄花菜。含秋水仙碱有毒成分，食用后会出现头晕、头痛、恶心、呕吐、腹泻等症状。因此新鲜黄花菜应先用开水焯，再用清水充分浸泡和冲洗以使秋水仙碱最大限度溶于水，方可食用。

（4）鲜木耳。含有一种称作卟啉的光感物质，人食用后在日光照射下会引起皮肤瘙痒和水肿，甚至会导致皮肤坏死等。因此，新鲜的木耳应晒干后再食用。

3. 食物中毒的表现和特征

食物中毒的诱因不同，因此症状各异，主要有呕吐、腹泻和腹痛等。如果出现严重的脱水、休克，那么会危及生命，应及时送往医院进行救治。

食物中毒的表现和特征如下所述。

（1）潜伏期较短，发病急，病程亦较短。

（2）多为集体暴发，所有患者的临床表现基本相似。婴幼儿食物中毒的主要症状有恶心、呕吐、腹胀和腹泻等，部分患儿还会出现持续性高热、皮疹、烦躁、昏迷等。如果治疗不及时，就有可能并发循环衰竭、呼吸衰竭、失明、吞咽困难、肝肾功能损伤等。

（3）中毒患者在相近的时间内均食用过某种共同的中毒食品，未食用者不中毒。

（4）一般无人与人之间的直接传染。

（5）多发于夏季和秋季。

综上所述，食物中毒多数以急性肠胃炎症状为主要特征，典型症状有恶心、呕吐、腹痛、腹泻、发热。腹泻为水样便，严重的为脓血便。严重的食物中毒者会出现上吐下泻、脱水、休克、昏迷等症状。

（二）急救处理

1. 食物中毒的紧急救治方法

食物中毒的紧急救治方法为催吐、洗胃、导泻、解毒和补液等，此外应该鼓励患儿多饮水，尤其是含盐饮料或糖水，以便及时补充患儿体内丢失的水和电解质。

食物中毒急救

（1）催吐。如果中毒不久，可以将干净的手指放到患儿喉咙深处通过轻轻滑动来催吐，也可以用筷子、汤勺等来催吐。同时可以让幼儿喝一些盐水，以补充水分，特别是对于在野外误吃了有毒蘑菇的患儿，必须第一时间催吐，但对于神志不清的患儿禁用此法。

（2）洗胃。对于重症患儿应及时送往医院由医务人员进行洗胃，防止毒物吸收。

（3）导泻。若患儿误食含毒食物已超过 2 小时，但精神状态尚好，则可服用泻药，促使含毒食物尽快排出体外。若患儿已经出现严重腹泻，则不能使用此法。

（4）解毒。利用某种食物的特性来减轻中毒症状或解毒。

（5）补液、抗炎、抗休克。对于腹泻频繁，脱水严重的患儿应为其补充液体、电解质，并进行抗休克治疗；对于腹痛明显的患儿，可采取解痉、镇痛措施。

2. 中毒严重、休克时的现场救护工作

（1）立即拨打急救电话，就近送医。

（2）给患儿采取平卧位，头偏向一侧，密切观察患儿的生命体征及病情。

（3）清理口腔及咽部的分泌物，保持呼吸道通畅。

（4）若患儿发生心脏骤停，则应立即为其进行心肺复苏。

3. 食物中毒救治时的注意事项

（1）对休克的患儿严禁催吐，以免呕吐物被吸入气道造成窒息。

（2）在发生食物中毒后，应该留取第一份样本送检，便于医学观察与取证。如果无法取得样本，也可保留呕吐物和排泄物作为样本。

（3）托幼园所应及时通知患儿家长，做好解释、说明、安抚工作。

【实训卡片】

明明，3 岁，男。星期天，妈妈带明明去看电影。回家的路上，明明说饿了，妈妈见天色已晚，就和明明在路边的小吃摊吃了晚餐。晚餐后回到家里，明明在看电视时出现了恶心和呕吐的现象，妈妈焦急万分，不知所措。

实训任务：如果你在现场，作为照护者，请完成明明食物中毒的现场救护，具体内容见表 2-2-6。

表 2-2-6　幼儿食物中毒现场救护操作流程

考核内容	口述流程（请按照考核要求完成以下内容）
物品	（1）盆（内装 25℃～38℃温盐水）、小水杯、筷子或汤匙、小围裙、污物桶；（2）手部消毒剂；（3）记录本和笔

考核内容		口述流程（请按照考核要求完成以下内容）
口述内容	评估	评委老师好，我是××号考生，我今天考核的项目是食物中毒的现场救护，请问可以开始了吗？ 发现幼儿呕吐，经评估： 环境： 物品： 幼儿：
	预期目标	我的预期目标是： （1） （2） （3）
	观察情况	经初步检查，幼儿生命体征平稳，意识清醒，呕吐物为_____色液体，约50毫升
	急救处理	（1）准备适量25 ℃～38 ℃的_____水。 协助幼儿取_____位—系_____—放_____—协助幼儿喝水约200毫升。 （2）放筷子于_____处，协助幼儿将呕吐物吐入污物桶。 （3）重复上述步骤，反复_____，直到呕吐物_____、无_____。 （4）准备适量_____水，以补充水和电解质。 （5）如果幼儿食入含毒食物已超过_____小时，但精神状态尚好，那么可协助幼儿服用泻药或糖水、西瓜等，以加快排毒。 （6）协助幼儿漱口，并帮其擦干嘴角和面部。 （7）安抚幼儿，协助幼儿躺床上，头_____。 （8）对于中毒严重、休克的幼儿，协助其采取平卧位，头偏向一侧，立即送医院抢救，并留取第一份样本送检
	整理记录	整理物品，洗手，记录现场救护措施及转归情况，并与家长做好沟通
	结束	报告老师，操作完毕，请各位老师批评指正

任务三　常见突发事件的应对措施与处理方法

自然灾害是自然界中发生的异常现象，一旦发生，带来的危害是巨大的。因此，在日常生活中需要对幼儿宣传自然灾害预防和应对小知识，提高幼儿的安全防护意识。常见的自然灾害包括火灾、地震、台风、洪水、泥石流、雷电、暴风雪等。

第一节　火灾、地震、台风等自然灾害的应对措施

一、火灾的防护

火灾是指在时间或空间上失去控制的灾害性燃烧现象。在各种自然灾害中，火灾是较常见、较普遍的威胁公众安全和社会发展的主要灾害之一。一旦发生火灾，幼儿可以采取以下措施进行自我防护。

（1）稳定情绪，切忌惊慌失措。

（2）拨打火警电话，逃生时向周围人求救。

（3）当刚出现小火苗时，用湿毛巾扑灭或用脚踩灭。

（4）当火势较大时，立即蹲下，用湿毛巾、湿衣服等捂住口鼻，弯腰贴墙从紧急出口逃离，以防烟雾中毒而窒息。

（5）当火势较大无法打开门往外走时，用湿布塞住门缝，应尽可能待在家中相对潮湿的地方，并用鲜艳的布料在窗口呼救或大喊救命，切勿从窗户向下跳。

（6）如果身上着了火，切勿乱跑或拍打，以免加快氧气的补充，增大火势，应该就地翻滚，压灭身上的火。

（7）疏散后应第一时间与家人联系，详细见图2-3-1。

火场逃生自救72字口诀

熟悉环境 出口易找　　发现火情 报警要早　　保持镇定 有序外逃

简易防护 匍匐弯腰　　慎入电梯 改走楼道　　缓降逃生 不等不靠

火已及身 切勿惊跑　　被困室内 固守为妙　　远离险地 不贪不闹

图 2-3-1

二、地震的防护

地震是地壳快速释放能量过程中造成的震动，期间会产生地震波。地震时，幼儿应听从老师或家长的指挥，切勿乱跑；地震后，针对所处的场所，可以采取如下防护措施。

1. 在室内

如图2-3-2所示是室内避震要点。

（1）保持清醒、冷静，切勿在慌乱中跳楼。

（2）地震时，如果在一楼，应立即撤离到空旷的室外，撤离时应避开高大建筑物及大型玩具。如果来不及跑出去，应迅速躲到坚实的桌下、床下或墙角处，并避开悬挂物、玻璃门窗等，或者到开间小、有管道支撑的房间里躲避，尽量蜷曲身体，降低身体重心，用被褥、枕头、脸盆等护住头部。

（3）等地震间隙，在老师或家长的指挥下，有组织地迅速撤离到安全的地方。

（4）地震时切勿乘坐电梯逃生。

2. 在室外

（1）地震时，原地不动，可以蹲下或趴下，双手交叉或用书包保护头部，切勿乱跑，切忌返回室内。

避震要点

地震时是跑还是躲

地震时就近躲避，地震后迅速撤离到安全的地方，是应急避震较好的办法。避震应选择室内结实、能掩护身体的物体下（旁）易于形成三角空间的地方，开间小、有支撑的地方，以及室外开阔、安全的地方。

躲避地震时身体应采取的姿势

蹲下或坐下，尽量蜷曲身体，降低身体重心。 | 抓住桌腿等牢固的物体。 | 用双手或衣物保护头颈和眼睛，掩住口鼻。

图 2-3-2

（2）远离高大建筑物，如楼房、水塔、烟囱等。

（3）远离高耸或悬挂的物体，如大树、街灯、电线、电缆、广告牌等（见图 2-3-3）。

图 2-3-3

（4）远离其他危险场所，如狭窄的街道、危旧房屋，以及瓦堆和木料堆等。

3. 在交通工具上

（1）用手牢牢抓住扶手、扶手柱或座椅等，以免摔倒或碰伤，并防止行李从架子上掉落伤及自己。

（2）面朝行车方向时，应将胳膊靠在前排座椅背上，护住面部，身体倾向通道，双手护住头部。

（3）背朝行车方向时，双手护住脑后，抬膝护腹，紧缩身体，做好防护。

4. 在废墟下

（1）保持镇静，切勿哭喊、急躁、盲目行动，应耐心等待救援。

（2）保持呼吸通畅，设法清除头部和胸前的杂物及口鼻附近的灰土。闻到煤气和异常味道时用湿衣服、湿毛巾等捂住口鼻，以免中毒。

（3）尽量扩大安全活动空间，活动手脚，挪开压在身体上的物体，并用周围可移动的物体支撑身体上方的重物，以防止其坍塌。

（4）设法脱离险境。观察周围环境，寻找通道，设法爬出去。无法爬出去时，切勿大声呼喊，在听到外面有人说话时再呼叫，或者敲打能发出响声的物品，向外界传递求救信息。

（5）尽量寻找食物和饮用水，必要时喝自己的尿液也可以起到解渴的作用。

三、台风的防护

（1）气象台发布台风预警后，照护者切勿带婴幼儿到台风经过的地区旅游，应通过电台、电视和网络等时刻关注天气情况，了解最新台风动态（台风预警信号），关好门窗。

（2）台风天，照护者切勿带婴幼儿到户外玩耍，不能靠近玻璃门窗，以免被强风吹破的玻璃碎片扎伤。

（3）台风过后，照护者仍需关注台风动向，确定是否已经安全。此外还需要注意环境卫生及食物和水的安全。

四、洪水的防护

（1）洪水来临前照护者应按照预定路线带婴幼儿紧急撤离，转移到安全的地方。

（2）若来不及转移，应有组织地带婴幼儿到屋顶、大树或附近的小山丘暂避，切勿沿着洪水方向撤离。到达相对安全的地方后，应立刻发出求救信号，等待救援。

（3）若洪水继续上涨，应充分利用门板、桌椅、木床、大块的泡沫塑料等能漂浮的物体带婴幼儿逃生。

（4）如果被卷入洪水中，那么应该尽可能地抓住固定的或能漂浮的物体，寻找机会逃生。

（5）切勿攀爬带电的电线杆、铁塔等。

五、泥石流的防护

（1）应立刻带着婴幼儿往与泥石流方向呈90°左右的山坡上爬，跑得越快、爬得越高越好。

（2）切勿躲在有滚石和大量堆积物的陡峭山坡下方。

（3）切勿停留在低洼的地方或树上。

（4）利用身边的衣物保护好婴幼儿的头部。

（5）发生泥石流时，应听从指挥，带着婴幼儿迅速撤离。

（6）切勿在土质松软且不稳定的斜坡停留，以免斜坡下滑。

六、雷电的防护

（1）室外防雷。若在室外遭遇雷电天气，应带着婴幼儿迅速躲入有防雷设施的建筑物，或者找一块地势低的地方蹲下。此外应远离树木、电线杆、烟囱等尖耸孤立的物体，且切勿进入低矮建筑物内。不宜打伞。

（2）室内防雷。若在室内遭遇雷电天气，应关好门窗，让婴幼儿尽量远离门窗、阳台和外墙壁。教育婴幼儿切勿靠近和触摸任何金属管线，包括水管、暖气管、煤气罐等。尽量停止使用家用电器，拔掉所有电源插头。

（3）雷击"假死"急救。被雷击后可能会出现心脏骤停或呼吸停止现象，这实际是一种"假死"现象，必须立即抢救。将受伤的婴幼儿平放在地面上，进行人工呼吸，同时做心外按摩，并立即呼叫急救中心，由专业人员对受伤的婴幼儿进行有效的处置和抢救。

七、暴风雪的防护

（1）遇到暴风雪天气，应尽量让婴幼儿待在室内。

（2）户外活动时，应尽量避开结冰路段，并且应远离广告牌、临时搭建物和老树等物体。路过桥下、树下、屋檐等处时，应注意观察冰挂或绕道通过，以免掉落的冰挂砸伤婴幼儿。

（3）暴风雪天气应为婴幼儿增添衣服，防止其被冻伤。

防范和应对气象灾害应牢记的"八字原则"

"学"：学习气象灾害防灾和避险知识。

"备"：做好防灾物资准备工作，主要包括清洁的水、食物、常用药品、雨伞、手电筒、御寒用品和生活必需品、收音机、手机、绳索、适量现金等。如果有婴幼儿，还需准备奶粉、奶瓶、尿布等。如果有老人，还需准备拐杖、特需药品等。

"听"：通过多种渠道，如电视、广播、互联网、手机App、微信公众号等，及时收听（收看）各级气象部门发布的灾害信息，不可听信谣言。

"察"：密切观察周围环境的变化情况，一旦发现异常，应尽快向有关部门报告。

"断"：在救灾行动中，首先应切断可能导致次生灾害的电、煤气、水等。

"抗"：灾害一旦发生，应有大无畏精神，号召大家，进行避险抗灾。

"救"：气象灾害发生时，利用学过的救助知识，组织大家自救和互救。

"保"：除了个人保护，还应利用社会防灾保险，以减少个人经济损失。

第二节　家庭常见紧急情况的处理方法

一、动物咬伤

（一）蜂蜇伤

生活中最常见的蜂蜇伤是蜜蜂蜇伤和黄蜂（马蜂）蜇伤。蜂的尾部有毒腺及与之相连的尾刺，当蜂蜇人时会将尾刺刺入人的皮肤，并把毒液注入人体。进入人体的蜂毒会引起神经毒性损伤、溶血、出血、肝脏或肾脏损伤，也会引起过敏反应。

1. 蜜蜂与马蜂的区别

马蜂有明显的腰，且头部及身体光滑，蜜蜂反之。人被蜜蜂蜇伤后，可以在伤口处见到一根毒针和一条黑线，而被马蜂蜇伤后则很少在伤口处见到毒针。

2. 蜂蜇伤的临床表现

（1）局部反应。人被蜂蜇伤后多表现为局部皮肤疼痛、肿胀等，12～48 小时后会加重，甚至扩大范围形成不同大小的溃疡面。

（2）全身反应。出现在被蜂蜇伤后数分钟到数小时，表现为迅速扩大的皮疹、胸闷、呼吸困难、喉头水肿、恶心、呕吐，部分患者会出现腹泻，严重者会出现肌肉痉挛、晕厥、嗜睡、昏迷、溶血、休克、多器官功能障碍。

（3）蜇伤部位在头部、颈部和胸部的伤者病情较严重。

3. 蜂蜇伤急救 6 步法

（1）用绷带包扎伤口近心端。在伤口近心端 10 厘米处用绷带进行包扎，包扎时不宜过紧，注意观察肢端血运情况。

（2）挑出毒刺。用针把刺从根部挑出，或者用一张卡片从刺的根部刮除毒囊。需要特别注意的是，切勿用力挤压伤口，因为这样会将毒囊中的毒液再次压入人体。

（3）吸出毒素。用能产生负压的器具吸出部分毒液。

（4）冲洗伤口以中和蜂毒。通常蜜蜂的毒液是酸性的，马蜂的毒液是碱性的。如果是蜜蜂蜇伤，就选用碱性溶液冲洗，如肥皂水；如果是马蜂蜇伤，就选用酸性溶液冲洗，如食醋。当无法判断是被蜜蜂蜇伤还是被马蜂蜇伤时，选用流动的水冲洗。

（5）局部冷湿敷。可以选用冰袋或在冰水中浸过的毛巾进行伤口的冷湿敷，以减轻疼痛和肿胀。

（6）及时就医。每个人的体质不同，有的人被蜂蜇伤后会自行解毒，但过敏体质的人被蜂蜇伤后会引起全身过敏反应，甚至引起过敏性休克。当患者出现皮疹且出疹面积迅速扩大和伴有胸闷呼吸困难等症状时必须及时就近就医。

（二）狂犬病

狂犬病是一种由狂犬病病毒引起的人畜共患的急性传染病。犬、猫、狐、狼、豺等食肉目动物是狂犬病病毒的储存宿主，均可感染狂犬病病毒成为传染源。

1. 被狗或猫咬伤后的处理方法

（1）先检查伤口。若只是皮肤划伤或稍出血，可以先用肥皂水或流动的清水对着伤口斜冲至少 15 分钟，再到医院进行进一步处理；若伤口流血不止，可以先用干净的毛巾或纱布包扎后再到医院就诊。

（2）必须在被猫或狗咬伤后的 24 小时内注射狂犬病疫苗。

2. 预防措施

（1）在猫或狗进食的时候切勿打扰它们，否则会被误认为是劫食者而遭到攻击。

（2）在猫或狗产崽的那几天切勿靠近它们，否则会被认为是夺子者而遭到攻击。

（3）切勿靠近陌生的猫或狗，尤其是无主的流浪猫或流浪狗。

3. 狂犬病疫苗接种的有关问题与解答

（1）被动物咬伤后只有在 24 小时内接种狂犬病疫苗才有效吗？

狂犬病疫苗越早接种越好，但只要在发病前接种都有预防的意义。

（2）在接种狂犬病疫苗期间，能否接种其他疫苗？

一般情况下，最好在狂犬病疫苗接种完全程后，再接种其他疫苗。但特殊情况下，如果有其他疫苗必须在此期间接种，那么应按要求在不同部位接种。

（3）接种狂犬病疫苗后有什么禁忌吗？

按原来的习惯正常饮食、正常生活即可，但建议接种狂犬病疫苗期间避免熬夜，以提高免疫力，减少肌肉酸痛、发热的概率。

（4）儿童接种狂犬病疫苗会不会影响长高？

不会。决定身高的关键因素是骨骼的生长发育，也可能与体内激素的分泌及家族遗传基因有一定关系。

（5）接种狂犬病疫苗后，出现红肿、发热等症状时怎么办？

对于比较重的红肿，可以用毛巾热敷，以减轻疼痛，帮助消肿。一般 2～3 天即可消肿。

狂犬病疫苗引起的发热一般出现在接种后 6～8 小时，无伴随症状，持续时间为 1～2 天。38.5℃以下的发热无须特殊处理，物理降温即可；超过 38.5℃的发热，可对症使用解热镇痛药。

二、触电

随着电器设备的普及，加上很多幼儿缺乏自我保护意识，因为好奇心会将手指或金属插进插孔导致触电。目前，幼儿触电是家庭日常生活中比较常见的意外伤害，其中 3 岁以下幼儿触电现象尤为多见。

（一）电击伤

电击伤俗称触电，是指电流流经人体引起的机体损伤和功能障碍。电能转化为热量可造成人体电灼伤，严重的会发生心脏骤停。意外触电往往发生于成人，但幼儿因缺乏安全意识也易发生触电。

雷电（闪电）击伤是瞬间的超高压电流造成的特殊损伤。

（二）常见原因

（1）缺乏用电知识。

（2）违规安装和维修电器、电线。

（3）电线上悬挂衣物。

（4）意外事故中电线坠落到人的身体上。

（5）雷雨天气在树下躲雨或使用金属柄的雨伞被闪电击中。

（三）触电的临床表现

1. 全身表现

（1）轻者表现为痛性肌肉收缩、惊恐、面色苍白、头痛、头晕、心悸。

（2）重者表现为意识丧失、休克、心脏骤停。

2. 局部表现

（1）低压电损伤。在电流的流入点和流出点可见椭圆形或圆形烧伤点，烧伤面积较小，呈焦黄色或灰白色，烧伤部位边缘整齐，与正常皮肤分界清楚，一般不伤及内脏，致残率低。

（2）高压电损伤。电流流入部位的皮肤灼伤比流出部位的严重，电流流入点和流出点可能都不止一处，烧伤部位呈焦化状或碳化状。

（四）急救步骤

1. 切断电源

低压电源触电急救5步法包括拉、切、挑、拽、垫。

（1）拉。附近有电源开关或插座时，应立即拉下开关或拔掉插头。

（2）切。若一时找不到断开电源的开关，应迅速用绝缘的钢丝钳或断线钳剪断电线，断开电源。

（3）挑。对于由导线绝缘损坏造成的触电，急救人员可用绝缘工具或干燥的木棍等将电线挑开。

（4）拽。急救人员可先戴上手套或在手上包缠干燥的衣服后将触电者拖拽开，也可站在干燥的木板、橡胶垫等绝缘体上用一只手将触电者拖拽开。

（5）垫。设法将干木板塞到触电者身下，使其与地面隔离，急救人员也应站在干燥的木板或绝缘垫上。

高压电源触电急救方法：发现有人在高压设备上触电时，急救人员应戴上绝缘手套、穿上绝缘鞋后断开电闸，并通知有关部门立即停电。

2. 判断生命体征

抢救前，通过对触电幼儿的意识和呼吸心跳的判断，检查其是否存在生命体征。

如果通过身体的电流较小，触电的时间较短，脱离电源后幼儿只感到心慌、头晕、四肢发麻等，应让其平卧休息，暂时避免走动，并注意观察其呼吸、心跳情况，同时拨打120急救电话。

如果通过身体的电流较大，触电时间较长，电流会对人体的重要器官造成严重的伤害。幼儿如果神志不清、面色苍白或青紫等，必须迅速进行现场人工呼吸和心肺复苏，同时请求周围人协助拨打 120 急救电话。

3. 进行心肺复苏

幼儿触电后若出现呼吸、心跳停止（颈动脉无搏动），则应进行心肺复苏，同时拨打 120 急救电话。

【跟踪练习】

1. 在火灾中，婴幼儿可能会出现哪些症状？

A. 呼吸困难、咳嗽 　　　　　　　B. 皮肤烧伤、发红

C. 惊慌失措、哭闹 　　　　　　　D. 以上都是

2. 在地震发生时，以下哪项是不正确的婴幼儿急救措施？

A. 立即寻找安全的地方躲避

B. 用双手护住头部，避免头部受伤

C. 快速冲出房屋，前往开阔地带

D. 躲在坚固的家具下面或内部，避免掉落物砸伤

3. 婴幼儿在地震中被困时，以下哪项措施是错误的？

A. 保持冷静，不惊慌失措

B. 用手或其他物品挖掘周围的土壤和砖块

C. 尽可能大声呼救，寻求帮助

D. 一直等待救援，不采取任何行动

4. 在火灾中，以下哪项是不正确的婴幼儿急救措施？

A. 使用灭火器或灭火器材扑灭火焰

B. 用湿布捂住口鼻，避免吸入烟雾

C. 快速奔跑通过火场，尽快逃离

D. 寻找安全的出口通道，尽快离开火场

5. 地震后，以下哪项不是婴幼儿常见的心理反应？

A. 害怕、恐惧、不安 　　　　　　B. 情绪低落、沮丧

C. 过度兴奋、激动 　　　　　　　D. 无明显反应、正常玩耍

答案：D，C，D，C，D。

【项目小结】

通过本项目的学习，我们掌握了常见疾病与传染病的防护知识和伤害应急处理技巧，学会了预防传染病和疾病症状识别，并能在紧急情况下迅速采取正确的急救措施；提高了我们的安全意识和应急处理能力，为今后的婴幼儿照护工作打下了坚实的理论基础。

项目三 婴幼儿日常保健

【课前预习】

　　扫码观看视频，了解什么是回应性照护，思考作为照护者在哪些方面需要开展回应性照护及具体怎么开展。

回应性照护

【知识导航】

```
                          ┌ 婴幼儿健康检查与生长发育监测 ┬ 婴幼儿的生长发育
                          │                              └ 婴幼儿生长发育评价的常用指标
  婴幼儿日常保健 ─────────┼ 婴幼儿的卫生保健 ┬ 婴幼儿用品的清洁与消毒
                          │                  └ 婴幼儿的卫生保健方法
                          └ 婴幼儿心理保健与行为问题指导 ┬ 婴幼儿常见心理问题的识别与处理
                                                          └ 婴幼儿行为问题的纠正方法与实践
```

【素质目标】

　　（1）树立科学保育观念，关注婴幼儿的身心健康；
　　（2）培养全面保育意识，重视婴幼儿的卫生保健和心理保健工作。

【学习目标】

　　（1）掌握婴幼儿早期发展的基本知识和技能；
　　（2）了解不同年龄段婴幼儿身心发展的特点和需求。

【技能目标】

　　（1）掌握常见问题的预防和处理方法，如感觉统合失调、注意缺陷障碍等；
　　（2）能够对婴幼儿进行回应性照护，掌握回应性照护的技能。

任务一　婴幼儿健康检查与生长发育监测

【情境导入】

　　东东，2岁，男，牙齿已经长齐了，平时在家里都是父母都助他清洁牙齿。现在需要去托幼机构生活了，父母想让东东学会自己刷牙。东东在家里练习刷牙时不是弄痛了自己，就是弄湿了自己，父母比较着急，求助于托幼机构照护者。

任务：作为照护者，请完成幼儿刷牙指导。

婴幼儿身体的生长发育是一个动态、连续且复杂的过程，虽然都有其发展的特殊性，但又有共同的规律性。了解和掌握婴幼儿生长发育的特点和规律，有利于科学开展婴幼儿的各项保育工作，促进婴幼儿的健康成长。

【任务学习】

第一节　婴幼儿的生长发育

一、生长和发育的概念

生长是指细胞的繁殖、增大及细胞间质的增加与变化，表现为体积、长度及质量的增加与变化，是机体在量的方面的变化，是能够观测到的，如身体长高、体质量增加、手脚变大等。

发育是指身体各组织、器官、系统在结构和功能方面的改变与增强，是机体在质的方面的变化，如小脑功能和肾功能的增强。

生长是身体发育的基础和前提，没有身体的生长，发育很难实现，而发育又包括生长，即生长寓于发育之中。

二、婴幼儿生长发育的一般规律

（一）连续性、阶段性

婴幼儿的生长发育是一个连续的过程，但并非匀速进行，而是具有一定的阶段性。总体来说，婴幼儿的生长发育遵循从上到下、从近到远、从粗到细、从低级到高级、从不分化到分化的规律，如先会抬头，再会坐、站、走，遵循从上到下的规律；动作发展是先从手臂和大腿的大肌肉开始，再到手的精细动作，遵循从近到远的规律等。婴幼儿体质量和身高的发育迅速，2 岁后逐渐平稳，见图 3-1-1。3 岁时语言、动作等发展迅速，所以婴幼儿生长发育具有一定的阶段性。

（二）生长发育的趋势

婴幼儿生长发育的速度并不是呈直线上升的，而是呈波浪式上升的。在某些阶段，婴幼儿的生长速度可能会加快，而在其他阶段则可能减慢，这是正常的生理现象，父母不必过于担心。

（三）各个器官发育不平衡

人体各器官系统的发育顺序遵循一定的规律，一般来说，神经系统发育最早，生殖系统发育最晚，而淋巴系统发育在青春期前处于高峰，见图 3-1-2。

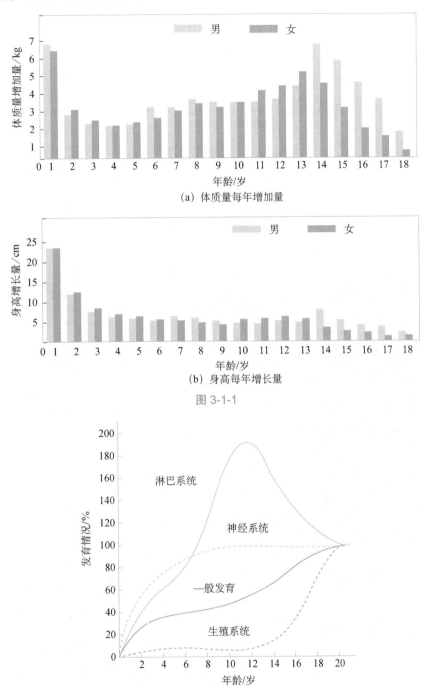

图 3-1-1

图 3-1-2

（四）生长发育的个体差异

虽然婴幼儿的生长发育有一定的规律，但每个婴幼儿的生长发育速度和特点都会受到遗传、环境和个体差异的影响。因此，每个婴幼儿的生长发育曲线都是独特的。

三、0~6岁儿童发展标志和有关警示

生长发育正常是健康的重要标志，这种发育是有一定规律的，既是连续的，又有阶段性，即不同年龄段有不同的发育标志。教育部与联合国儿童基金会共同推广的《0~6岁儿童发展里程碑》可以帮助家长了解孩子的早期发育规律（见表3-1-1）。

表3-1-1　《0~6岁儿童发展里程碑》

月龄或年龄	发展指标	发展警示
0~1月	头可以从一侧转向另一侧； 醒着时，目光能追随距眼睛20厘米左右的物体； 听到铃声时手脚会向中间抱紧； 与陌生人的声音相比，更喜欢听妈妈的声音； 能分辨味道，喜欢甜味； 对气味有感觉，当闻到难闻的气味时会转开头； 听到轻音乐、人的说话声时会安静下来； 会微笑，会模仿人的表情	对大的声音没有反应； 对强烈的光线没有反应； 不能轻松地吮吸或吞咽； 身高、体质量不增加
1~3月	俯卧时能抬头，抱坐时头能稳定，能把手放进嘴里，能手握手； 喜欢看妈妈的脸，看见妈妈就高兴； 喜欢盯着物品看； 会笑出声，会叫，能应答性发声，能以不同的哭声表达不同的需要； 喜欢让熟悉的人抱	身高、体质量和头围不能逐渐增加； 不能对别人微笑； 两只眼睛不能同时跟随移动的物体移动； 抱坐时，头不能稳定
4~6月	能翻身，能靠坐或独坐； 会主动拿玩具，以及拿着玩具就放嘴里咬； 喜欢玩脚和脚趾； 喜欢看颜色鲜艳的物品，会盯着移动的物体看； 会大声笑及发出"o""a"等音，喜欢别人与其说话； 开始进入陌生人焦虑期，看见陌生人就哭； 会故意摔玩具； 喜欢与成人玩"藏猫猫"游戏； 对周围各种物品都感兴趣； 能区别他人说话口气，受批评会哭； 有明显的害怕、焦虑、哭闹等反应	不会用手抓东西； 体质量、身高不能逐渐增加； 不会翻身，不会笑
7~9月	能自己坐，扶着成人或床沿能站，牵着成人的手能走几步； 能用一个玩具敲打另一个玩具； 能用手抓食物吃，能用拇指与食指捏取细小物体； 能发出"baba""mama"等音； 能听懂一些话，如听到"爸爸"这个词时能把头转向爸爸； 喜欢人抱，会对着镜子中的自己笑； 已学会拍手，能按指令用手指灯、门等常见物品； 受到表扬时会很高兴	不能用拇指与食指捏细小物体； 对突然的声响没有反应； 不能独坐； 不会吞咽菜泥、饼干等固体食物
10~12月	长出6~8颗乳牙； 能熟练地爬； 扶着家具或其他物体能走； 能滚皮球； 喜欢反复拾起物品再扔掉； 会找到藏起来的物品； 理解一些简单的指令，如拍手和说再见； 会用面部表情、手势与成人交流，如微笑、拍手、伸出一个手指表示1岁等，会随着音乐做动作； 能配合成人穿脱衣服； 会搭1~2块积木； 能模仿叫"爸爸""妈妈"； 喜欢与其他小朋友一起玩	当快速移动的物体靠近眼睛时，不会眨眼； 还没有开始长牙； 不会模仿简单的声音； 不能根据简单的指令做动作； 不能和父母及其他家人友好地玩

月龄或年龄	发展指标	发展警示
1～1.5岁	长出 8～14 颗乳牙； 能独自站立、独自行走、蹲下后再站立起来； 会抬一只脚做踢的动作； 走路时能推、拉或搬运玩具； 能玩简单的打鼓、敲瓶等音乐器械； 能重复一些简单的声音或动作； 能听懂和理解一些话，能说出自己的名字； 喜欢听儿歌、故事，能听指令并指出书上相应的内容； 能用一两个字表达自己的意愿； 能从杯子中取出或放进小玩具； 能有意识地叫"爸爸""妈妈"； 能认出镜子中的自己； 能自己用杯子喝水，用勺子进食； 能指出身体的各个部位； 能短时间和其他小朋友一起玩	囟门仍较大； 不能表现多种情感，如愤怒、高兴等； 不会爬； 不会独站
1.5～2岁	能向后退着走； 能扶着栏杆上下楼梯； 在成人照顾下，能在宽平衡木上走； 在成人的帮助下，能自己用勺子进食； 能踢球、扔球； 喜爱童谣、歌曲、短故事和手指游戏； 模仿做家务，如给干活的成人拿小凳子； 能说出身体各部位的名称； 能主动表示想大小便； 知道并运用自己的名字，如"宝宝要喝水"； 能自己洗手； 会说 3 个字的短句； 喜欢看书，学着成人的样子翻书； 能模仿折纸，能试图堆 4～6 块积木； 能辨识 2 种颜色； 喜欢玩沙子和水； 能认出照片上的自己； 能表现出多种情感，如同情、爱、不喜欢等	不会独立走路； 不试着讲话； 对一些常用词不理解； 对简单问题，不能用"是"或"不是"回答
2～3岁	乳牙出齐 20 颗； 会骑三轮车，能两脚并跳； 能爬上攀爬架和绕过障碍物； 能用手指捏细小物体，能解开和扣上衣服上的大纽扣； 会折纸，洗手后会擦干； 能走较宽的平衡木； 能自己上下楼梯； 会拧开或拧紧盖子； 能握住大的蜡笔在大纸上涂鸦； 喜欢将物品倒出和装进木桶内，如用小桶玩沙； 有目的地运用物品，如把积木当船推； 能对物品进行简单分类，如区分衣服和鞋子； 能说出主要交通工具及常见动物的名称； 能说出图画书上图片的名称； 喜欢听成人念书，能翻书； 能说出 6～10 个字的句子； 能比较准确地使用人称代词； 喜欢"帮忙"做家务，爱模仿生活动作； 喜欢和小朋友一起玩，相互模仿对方的言行	不能自如地行走，经常会摔倒； 不能在成人帮助下爬台阶； 不能提问题； 不能指着熟悉的物品说出名称； 不能说 2～4 个字的句子； 不能对熟悉的物品进行分类，如不会区分食物和玩具； 不喜欢和其他小朋友玩

月龄或年龄	发展指标	发展警示
3～4 岁	能交替迈步上下楼； 能倒着走和原地蹦跳； 能短时间单脚站立； 能画横线、竖线、圆圈； 喜欢搭积木； 能够认真听故事，喜欢看书； 认识三角形、圆形、正方形； 能说出常见颜色的名称； 能用简短的话表达愿望和要求； 能问越来越多的问题； 能简单讲述自己的见闻； 能记住家人的姓名和电话及家庭住址等； 能使用筷子、勺子等餐具，能独立进食； 知道家里常用物品的位置； 能独立穿衣； 能根据用途对物品进行分类； 能用手指着物品数数； 能与他人友好相处，懂得简单的社交原则； 能参加一些简单的游戏和小组活动； 会表达恐惧、喜欢等强烈的感觉； 非常重视看守自己的玩具	听不懂别人说的话； 不能说出自己的名字和年龄； 不能说 3～5 个字的句子； 不能自己玩 3～5 分钟； 不会原地跳
4～5 岁	能熟练地单脚跳； 能沿着一条直线行走； 能轻松地起跑、停下、绕过障碍物； 能正确握笔，画出简单的图形和人物； 能串较小的珠子； 认识 10 以内的数； 能按照颜色、几何形状对物品进行分类和排列； 能看懂并说出简单图画的意思； 喜欢听有情节的故事和猜谜语； 理解日常生活的顺序； 能回答"为什么""多少个"等问题； 能说比较复杂的话； 能比较准确地表达意愿； 能控制情绪，但会因挫折而发脾气； 喜欢与小伙伴玩，开始有最好的朋友； 喜欢表扬，对取得的成绩自豪	无法说出自己的全名； 无法辨认简单的几何形状，如圆形、正方形、三角形等； 说出的话别人听不懂； 不能单脚跳； 不能独立上厕所，不能控制大小便
5～6 岁	已学会交替单脚跳； 会翻跟头； 能快速、熟练地骑三轮车或有轮子的玩具车； 能用笔画许多图形和写简单的汉字； 能用各种形状的材料拼图； 能数到 20 或以上，甚至 100； 能联系时间和生活，如"5 点钟，该观看电视了"； 能辨认钱币； 能边看图画书，边讲熟悉的故事； 能正确转告简短的口信，能接电话； 喜欢与小伙伴玩，有一两个关系非常好的朋友； 能与其他小朋友分享玩具； 喜欢参加团体游戏和活动； 情感丰富，体贴受伤的小朋友和动物； 有较强的自我约束力	不能交替迈步上下楼梯； 不能安静地听完 5～7 分钟的小故事； 不能完成一些自理技能，如洗手、上厕所等

第二节　婴幼儿生长发育评价的常用指标

一、身高和体质量的测量

体格测量

定期测量婴幼儿的身高和体质量，可以及时判断婴幼儿的生长发育是否在相应的生长轨迹上。如果与生长轨迹相符，说明婴幼儿发育正常；如果偏差太大，家长就该引起重视了。

（一）测量的意义

（1）营养性疾病筛查。对婴幼儿进行营养性疾病筛查，可以及时发现问题并及时给予干预治疗指导。

（2）矮小症筛查。当婴幼儿的身高低于同龄人平均身高 2 个标准差时，即提示身材矮小，应及时查找原因并进行干预治疗。

（3）性早熟筛查。如果发现婴幼儿早期有生长过快的现象，那么对其性早熟的发现有提示作用。

（二）测量的时间与频率

（1）选择相同的测量时间与工具。早晚测得的身高有 1～2 厘米之差，不同的身高尺、体质量秤显示的数据也可能不一致。为了减小误差，可选择较常用的测量工具，在基本相同的时间段进行测量和记录。

（2）测量的频率应随年龄变化而不同。6 月龄以下的婴儿需要至少每 3 个月测量 1 次身高和体质量，有条件的最好每月测量 1 次；对于 6～12 月龄的婴儿，每 2 个月测量 1 次；对于 1～3 岁的幼儿，每 3 个月测量 1 次；对于 3～6 岁的儿童，每 3～6 个月测量 1 次；对于超过 6 岁的儿童，每 6 个月测量 1 次。

（三）测量的方法

1. 测量身高的方法

（1）3 岁以下。使用量床，仰卧位测量，测量时将头顶顶住头板，双耳在同一水平线上，双膝和下肢并拢紧贴底板，测定板紧贴足跟和足底。

（2）3 岁以上。赤足免冠，取正位测量。测量时枕部、臀部及双足跟均紧贴尺板，足跟靠拢，足尖呈 45°，稍收下颏，使耳屏上缘与眼眶下缘的连线平行于地面。

（3）将测量结果记录在生长曲线上。

2. 测量体质量的方法

（1）测量前，确保体质量秤可正常使用，且处于零点位置（婴儿应选择测量精度更高的婴儿体质量秤）。

（2）空腹并且排便后，脱去其外衣、鞋、帽等进行测量。

（3）如果无法脱去衣物，可以通过单独称量并扣除衣物质量的方式。

（4）将测量结果记录在生长曲线上。

（四）运用好生长曲线

生长曲线是评测儿童生长发育的有效工具，从该曲线上不仅可以看出儿童的生长水平，还可以看出儿童的生长趋势，见图 3-1-3。

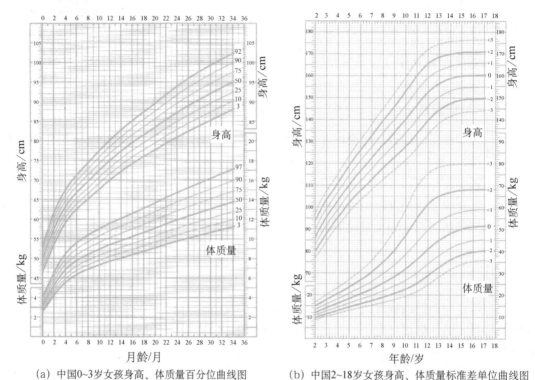

（a）中国0~3岁女孩身高、体质量百分位曲线图　　　（b）中国2~18岁女孩身高、体质量标准差单位曲线图

图 3-1-3

生长曲线的横坐标为月龄或年龄，纵坐标是体质量和身高。

生长曲线的绘制方法是先以横坐标的实际月龄或年龄点作一条与横坐标垂直的线，再以测得的身高或体质量作一条与纵坐标垂直的线，并将交叉点用圆点标记，最后将标记点连成较为光滑的曲线便可得到生长曲线。

二、头围和胸围的测量

（一）头围的测量

1. 测量头围的意义

（1）头围大小与大脑发育有关。因为胎儿大脑的发育在全身处于领先地位，所以婴儿出生时头较大。正常婴儿出生时平均头围为 34 厘米，出生后头部发育迅速，前半年增加 8～10 厘米，后半年增加 2～4 厘米。

（2）头围的大小与大脑质量成正比。头围大的婴幼儿大脑质量也较大。头围大小虽然不能说明大脑的发育情况，但其大小如果超出了正常范围就应该引起家长的注意。头围大小与遗传有一定关系，父母头大，婴幼儿的头也可能大。此外，婴儿若发育速度快，头也会比较大。但头围过大有可能与佝偻病、脑积水、巨脑回畸形等疾病有关。而有些疾病如先天性大脑发育不良、宫内弓形体感染、出生时严重窒息等，会影响大脑的正常发育，造成小头畸形。

2. 头围的测量

（1）测量方法。将软尺放在双眉上缘，经过枕骨结节（后脑勺最高处）左右对称环绕一周，测得的数据即为头围，见图 3-1-4。

（2）测量时间与频率。2 岁前对婴幼儿的头围进行测量最有价值。建议在婴儿出生后每个月测量 1 次，1 岁后可以根据需要适当减少测量频率。

（3）参考标准。正常婴儿出生时平均头围为 34 厘米；1 岁时约为 48 厘米；5 岁时约为 50 厘米；15 岁时接近成人头围，约为 54 厘米。

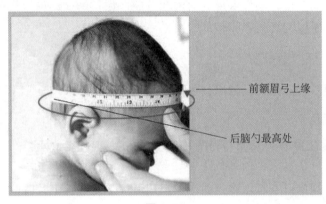

前额眉弓上缘

后脑勺最高处

图 3-1-4

（二）胸围的测量

1. 测量胸围的意义

婴幼儿胸围的大小与其体格锻炼、营养及心和肺等器官的发育有关，还与其胸腔内的各个器官有着重要的联系。此外，婴幼儿胸围的大小也可以用来反映其胸廓、胸背肌肉及皮下脂肪的发育程度。

作为照护者，日常应注意观察婴幼儿胸部。如果发现婴幼儿胸部形状不正常，如异常隆起或凹陷，应该尽快带其去医院进行检查和治疗。

2. 胸围的正常范围

婴幼儿的胸围是平乳头下缘经肩胛角下缘平绕胸一周的距离，代表婴幼儿的肺与胸廓的生长情况。随着年龄的不断增长，其胸廓体积增大，胸围也会逐渐增大。婴儿出生时头围相对较大，平均为 34 厘米，胸围略小于头围，在 32 厘米左右。1 岁时头围约为 48 厘米，胸围约等于头围，也在 48 厘米左右。

3. 胸围的测量方法

3 岁以上儿童取立位，两手下垂，两眼平视。测量者立于儿童前方或右方，用左手拇指将软尺零点固定于被测试儿童胸前乳头下缘，见图 3-1-5。

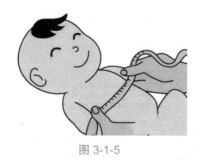

图 3-1-5

注意事项：

（1）婴幼儿正处于迅速生长时期，有的家长喜欢给其穿束胸的衣服，束缚了其胸廓的发育，时间一长可能会导致其肋骨下陷、外翻，胸围过小等。因此，照护者应给婴幼儿穿宽松的衣裤。

（2）经常带婴幼儿做被动操锻炼其肌肉和骨骼，如扩胸运动可以锻炼婴幼儿的胸肌，使其胸肌发达，从而促进其胸廓和肺部的发育。

三、生命体征的测量

生命体征的测量

生命体征的测量包括体温、脉搏、呼吸、血压等的测量。

（一）测量体温

为了判断幼儿体温是否正常，可以根据幼儿病情选择体温测量方法。

（1）口测法。测量口温时，将体温计水银端斜放于幼儿舌下，叮嘱其紧闭口唇勿用牙咬口表，3 分钟后取出擦干，读数并记录。正常值应为 36.5℃～37.4℃。

（2）腋测法。测量腋温时，协助幼儿解开衣扣，擦干腋下汗液，将体温计水银端放于腋窝深处，紧贴皮肤叮嘱其屈臂过胸夹紧，10 分钟后取出，读数并记录。正常值应为 36.0℃～37.2℃。

（3）肛测法。测量肛温时，协助幼儿取侧卧位、俯卧位或屈膝仰卧位，充分暴露肛门部位，用润滑油润滑体温计水银端，插入肛门 3～4 厘米，固定肛表，3 分钟后取出，用纱布擦净肛表及肛周，读数并记录。正常值应为 36.9℃～37.5℃。

（二）测量脉搏

脉搏是指在人的体表能够触摸到的动脉搏动。脉搏的测量方法如下。

（1）取准确体位。协助幼儿采取舒适的姿势，让其将手臂轻松放置于床上或桌面。

（2）正确测量。将幼儿手臂上抬，用食指、中指、无名指的指腹按压其桡动脉，力度适中，以能触摸到脉搏为宜。一般幼儿脉搏计数 30 秒，再乘以 2。如果有异常，那么应该测量 1 分钟。

（3）正确记录。脉搏记录的单位为次/分。

（三）测量呼吸

1～3 岁幼儿呼吸频率约为 24 次/分。具体的测量方法如下。

（1）与幼儿进行有效沟通，让其放松。将手仍按在桡动脉处，观察幼儿胸部或腹部的起伏。

（2）正确测量：计数 30 秒，再乘以 2。

（3）异常呼吸测量。如果有异常，那么测量 1 分钟。对于气息微弱或不易观察呼吸的幼儿用少许棉花置于其口鼻处，观察棉花的吹动次数。

（4）正确记录。呼吸频率记录的单位为次/分。

（四）测量血压

在心室收缩时，动脉血压升高的最高值称为收缩压；在心室舒张末期，动脉血压降低的最低值称为舒张压。判断血压是否正常，可以间接了解循环功能状况。血压的具体测量方法如下。

（1）测量前应该避免摄入刺激性药物或食物，静坐 5 分钟。

（2）取坐位或仰卧位，肘部应得到支撑，血压计水银柱的零刻度应和肱动脉、心脏处于同一水平位置。

（3）将血压计袖带缠于肘窝上 2～3 厘米处，松紧以能放入 1 指为度。打开水银槽开关。

（4）将听诊器胸件放于肱动脉搏动处，轻轻加压固定，关闭气门，打气至肱动脉搏动音消失。

（5）一手握住气球向袖带内充气，至肱动脉搏动音消失，再升高 20～30mmHg，然后慢慢放气（以每秒 4mmHg 的速度）。

（6）采用柯氏音听诊法测量血压，第一声为收缩压，声音消失时为舒张压。

（7）准确读取收缩压和舒张压的数值。

任务二　婴幼儿的卫生保健

【情境导入】

某家庭中的一名 1 岁孩子最近出现腹泻、食欲不振等症状，家长十分担忧。经过医生诊断，发现孩子感染了一种常见的肠道病毒，可能是饮食不卫生或接触了感染者而导致的。如果你是照护者，应该怎么做呢？

【任务学习】

第一节　婴幼儿用品的清洁与消毒

一、婴幼儿奶具的清洁与消毒

（一）准备好物品

准备好奶瓶、奶嘴、奶瓶刷、奶瓶夹、奶瓶清洁剂、消毒锅、手套等。

（二）清洗步骤

（1）洗干净双手，并用干净的毛巾擦干。

（2）检查奶嘴是否有裂缝。如果有裂缝就扔掉，以防止细菌在裂缝中生长。

（3）清洗喂奶设备。

（4）用奶瓶刷擦洗奶瓶和奶嘴，见图 3-2-1。

（5）让水从奶嘴洞里流出，清洗奶嘴洞，见图 3-2-2。

（6）用清水彻底冲洗干净。

 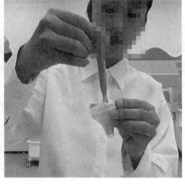

图 3-2-1   图 3-2-2

（三）消毒

1. 煮沸消毒

（1）把奶瓶、奶嘴、奶瓶密封圈和奶瓶盖放进一个大锅。

（2）在锅里装满水。

（3）把锅放在炉子上，烧开，煮 5 分钟。然后让所有的物品都在锅里自然冷却，直到可以徒手拿出。

（4）将暂时不会使用的物品放入密封盒，然后放入冰箱冷藏室保存。

2. 蒸汽锅消毒

（1）奶瓶、奶嘴、奶瓶盖等用蒸汽锅消毒后应放在灭菌瓶架上冷却，并用粗棉布或盖子盖住。

（2）放置 24 小时后需要再次消毒，以免细菌滋生。婴幼儿每次喝完奶后，照护者可以先用奶瓶刷将奶瓶清洗干净，放置于奶瓶架上晾干，待累积到一定的量或蒸汽锅可容纳的量，再一起进行消毒。

二、婴幼儿房间的清洁

（一）地面的清洁

地板是最容易藏污纳垢的地方，因为缝隙多，细菌容易积聚，从而导致幼儿玩耍时间接沾染细菌。可根据实际情况选择以下清洁方法。

（1）用吸尘器清洁地板，又快又干净。

（2）较难清洗的地板可以用专用清洁剂清洗。

（3）用消毒剂对地板上的细菌进行定期消杀。

（二）地毯的清洁

地毯是最容易藏细菌的地方，因此每周应吸尘 2～3 次。

（三）塑胶地板的清洁

塑胶地板需要经常用拧干的抹布擦拭，以保持清洁。

（四）家具的清洁

书柜最容易积灰，因此应定期清理灰尘和晾晒图书，以防止图书发霉。

三、婴幼儿衣物的清洁与消毒

（一）婴幼儿衣物的清洁

针对婴幼儿衣物上的各种污渍，在清洁时须"对症下药"，即清洗婴幼儿衣物时，除洗涤用品应合适外，还应依照衣物的材料、颜色及污渍的种类分批清洗，才不会越洗越脏。婴幼儿衣物上常见的污渍有油渍、汗渍、果汁等。

1. 油渍的去除

将肥皂切成小块，放入温水中，直至肥皂完全溶解；将衣物放入肥皂水中浸泡 30 分钟左右，然后用手揉搓几下；最后用清水洗净。

2. 汗渍的去除

将适量的苏打粉和水混合涂抹在衣物上的汗渍处，然后用毛刷轻轻刷洗，最后用清水洗净。

3. 果汁的去除

用盐水浸泡衣物 10 分钟，然后搓洗至干净。

（二）婴幼儿衣物的消毒

1. 暴晒消毒

暴晒是最环保的消毒方法，也是最传统的灭菌方法。中午日光强烈时直接暴晒衣物可以杀灭衣物中 90% 以上的细菌，灭菌率比较高。暴晒消毒的缺点是现在很多家庭没有暴晒条件，晒衣物的阳台大多装有玻璃，而玻璃会阻挡紫外线因此很难保证消毒质量。

2. 高温蒸煮消毒

高温蒸煮的灭菌率可以达到 98%，缺点是很多衣物会脱色混色。高温蒸煮的消毒方法适合浅色无图案的衣物，如纯白色和浅黄色衣物。

3. 微波炉消毒

微波炉适合急用的小型物品的消毒，如安抚奶嘴或围嘴，使用微波炉消毒省时省力，并且消毒彻底。

4. 紫外线灯消毒

用家庭电动晾衣架上的紫外线灯，对婴幼儿衣物照射 10 分钟左右就可以达到消毒的目的。这种方法适合阳台封闭的家庭及光照不充足的环境。

四、婴幼儿玩具的选择与清洁

对于 0～1 岁的婴儿，不需要准备太多的玩具，只需要根据不同月龄婴儿的生长发育规律，选择符合其认知特点和能够促进其各项能力发展的玩具即可。

（一）不同月龄婴儿玩具的选择

1. 0～3 月龄

婴儿此时的视力和听力正在发育，应选择色泽鲜艳、体积较大或带有声响的玩具，如吹气动物、气球、塑料小挂铃等，以促进婴儿视觉和听觉的发育，具体见表 3-2-1。

表 3-2-1　0～3 月龄婴儿的玩具选择

能力发展	发育特点	玩具选择	
听觉	听觉基本发育成熟，可辨别声音方向，听到声音会转头寻找	（1）玩具选择：手摇铃和小沙锤； （2）具体玩法：用手摇铃或小沙锤来锻炼婴儿的视听能力，就是通过改变手摇铃或小沙锤的方向吸引婴儿的注意力，练习其转头	
视觉	视力快速发育，刚开始只能看见距离眼睛 20～30 厘米的物体，之后会越来越清晰，并且目光可以跟随移动的物体移动	（1）玩具选择：黑白卡； （2）具体玩法：把黑白卡放在距离婴儿 20～30 厘米的范围内，左右来回缓慢移动，可以锻炼婴儿的追视能力	
精细动作	大部分时间手呈握拳状，可以 5 指抓握	（1）玩具选择：手握摇铃； （2）具体玩法：让婴儿练习抓握玩具，可以促进其手部精细动作的发展	

2. 4～6 月龄

婴儿此时基本上可以坐在澡盆或浴缸里洗澡了，洗澡也是婴儿感兴趣的活动。在婴儿洗澡的澡盆或浴缸中放入水上玩具，可以方便婴儿握着玩。水上玩具的种类很多，应选择整体或塑料的玩具，这样便于清洁。如果选择塑料喷水玩具，使用后必须清洗干净并晾干，否则玩具内部很容易积存脏水。

3. 7～9 月龄

婴儿此时开始自己伸手拿东西，喜欢敲、扔和模仿，逐渐理解单个字的发音，对大小、数量已有一定的概念。因此此阶段可以选择培养婴儿自主选择玩具的能力。

（二）玩具的清洁

婴幼儿的玩具主要分为两大类：一类是啃咬类玩具，如婴儿牙胶和安抚奶嘴等，这类玩具每次使用后都必须彻底清洗干净，并且放到消毒机里消毒，或者进行高温消毒；另一类是普通玩具，建议每周清洗并且消毒两次。如果玩具被其他小朋友玩过，那么必须清洗和消毒。

不同材质玩具的清洗和消毒方法如下。

（1）塑胶玩具。如果是耐高温的，如婴儿牙胶和安抚奶嘴，在清洗干净后，可以放在煮沸的开水中煮 3～5 分钟以消毒，也可以放进消毒柜消毒；如果是不耐高温的，在彻底清洗干净后，可以用一定浓度的医用酒精擦拭消毒。

（2）毛绒玩具。可以用专用的清洗玩具的洗洁精或有消毒效果的洗涤剂洗涤，不仅应该彻底清洗表面的污垢，而且应该将里面的细菌杀死。洗好的毛绒玩具通过长时间的暴晒后，才能再给宝宝玩。

（3）木质玩具。木质玩具不耐高温也不耐湿，必须通过暴晒来消毒。对于那些可以沾水的木质玩具，最好用一定浓度的医用酒精擦拭消毒。

（4）电子玩具。一些可以遥控的金属玩具或含有电子元件的玩具，每次消毒前必须卸下电池，以防止损伤玩具的电机。可以先用沾湿的毛巾擦拭玩具的外表，再卸下电池，最后用一定浓度的医用酒精进行彻底消毒。

第二节　婴幼儿的卫生保健方法

一、婴幼儿抚触方法

（一）婴幼儿背部的抚触

（1）将婴幼儿取俯卧位，胸部垫小垫，可在婴幼儿前面放置颜色鲜艳的玩具以吸引其注意力；双手搓热，用左手掌全掌自上而下揉搓婴儿的后背，见图 3-2-3。

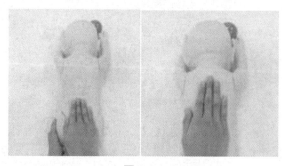

图 3-2-3

（2）双手环抱婴幼儿两腹，大拇指相对由脊柱向两侧推开，反复 2～3 次，见图 3-2-4。

图 3-2-4

（3）从婴幼儿颈部向下捏脊至臀部，再从臀部向上捏脊至颈部，反复4～6次，见图3-2-5。

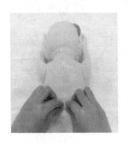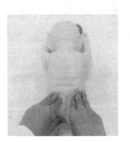

图 3-2-5

抚触口诀

揉揉背，四肢并拢打圈，从上到下走中间；

从脊椎往外推，八字交叉揉一揉；

捏捏脊，排排食，助消化，不攒肚；

臀部揉一揉，捏一捏，宝宝健康长肉肉。

（二）头面部的抚触

（1）两指指腹从婴幼儿前额中央顺两侧推开，见图3-2-6。

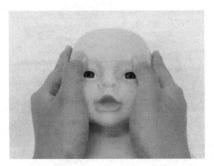

图 3-2-6

（2）四指轻按婴幼儿头两侧，大拇指指腹由下颌部向耳根方向上滑，见图3-2-7。

图 3-2-7

（3）四指轻按婴幼儿头两侧，大拇指指腹由眉心中央向额头两侧推开，见图 3-2-8。

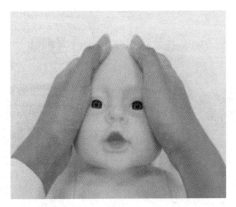

图 3-2-8

（4）用大拇指、食指和中指指腹轻轻揉捏婴幼儿两侧耳垂，见图 3-2-9。

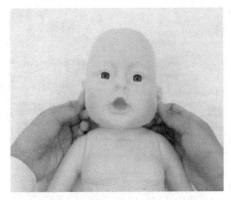

图 3-2-9

（三）胸部的抚触

两手分别从婴幼儿胸部的外上侧向对侧滑动至肩，见图 3-2-10。

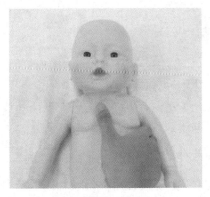

图 3-2-10

（四）腹部和臀部的抚触

两手依次从婴幼儿的右下腹、上腹、左下腹画半圆，食指、中指、无名指指腹从两臀的内侧向外侧做环形滑动。

（五）四肢的抚触

两手抓住婴幼儿的胳膊，从上至下用指尖轻轻揉捏婴幼儿手臂。下肢的抚触方法与上臂一样，见图 3-2-11。

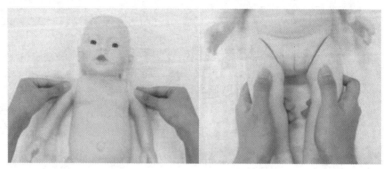

图 3-2-11

（六）手和足的抚触

用拇指指腹揉捏婴幼儿手心数次，然后按照从大到小的顺序揉捏婴幼儿的脚趾，见图 3-2-12。

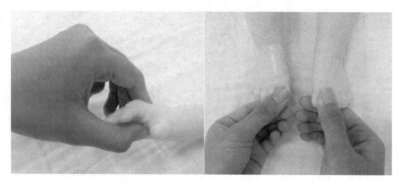

图 3-2-12

二、新生儿黄疸的处理

新生儿黄疸是指新生儿（出生 28 天内的婴儿）出现的黄疸。新生儿为了很快适应母体外部的环境，需要快速地将胎儿期的血液（红细胞）代谢掉。红细胞代谢生成的胆红素，需要及时通过尿液和大便排出体外。当胆红素生成太多，超过新生儿的排出能力时，就会出现皮肤和眼白发黄的现象。

（一）新生儿黄疸的快速判断

在自然光下观察新生儿的眼白，或者用手指轻轻按压新生儿的皮肤，如果眼白发黄或皮肤呈现黄色，那么可以初步判断新生儿存在黄疸。

如果是轻度黄疸，一般只影响脸部；如果是中度黄疸，皮肤发黄的现象将蔓延到身体的其他部位；如果黄疸进一步加重，将会蔓延到手心和脚心。

（二）不同黄疸的特点及处理

1. 生理性黄疸的特点

足月儿大多在出生后第 2～3 天出现黄疸，第 4～5 天达到高峰，第 5～7 天消退，最迟不超过 2 周；早产儿大多在出生后第 3～5 天出现黄疸，第 5～7 天达到高峰，第 7～9 天消退，最长可延迟到第 4 周。

出现生理性黄疸时不需要特殊治疗。当母乳喂养不能满足新生儿的需求时，可以适当地添加配方奶，并且增加喂奶频次（每天喂 8～12 次）以促进排便，这样生理性黄疸大多会自行消退。如果出生 2 周后还没有消退，应及时去医院就诊。

2. 母乳性黄疸的特点

母乳性黄疸的消退时间较生理性黄疸迟，大多在婴儿出生后第 8～12 周或更长时间才消退，持续时间长但婴儿的体质量增长平稳，大小便颜色正常。遇到此类情况，一般不需要任何治疗，随着月龄的增加，可以自行消退。

3. 病理性黄疸的特点

若新生儿出生后 24 小时内出现黄疸，且黄疸程度重、持续时间长，或者黄疸退而复现，则可能是病理性黄疸。病理性黄疸最常见的治疗方法是蓝光照射治疗，一般治疗时间是 3～5 天。

三、婴儿吐泡泡的处理

很多婴儿经常吐泡泡，特别是在 3 月龄后，吐泡泡更频繁。吐泡泡可能是正常的生理现象，也可能是肺炎引起的病理现象，所以在婴儿吐泡泡时，还应观察其是否有病理症状。如果有，应及时去医院就诊。

（一）婴儿吐泡泡的原因

1. 唾液腺在发育

婴儿口腔浅，不能调节口腔中过多的液体，因此多数情况下，婴儿吐泡泡是一种正常的生理现象。

2. 乳牙在生长

婴儿在长牙期间，牙龈组织会感到不适，刺激口腔分泌出口水，从而导致婴儿出现吐泡泡的行为。不过，随着乳牙的发育完全和口腔肌肉的成熟，婴儿会逐渐有效地控制吞咽动作，就不会吐泡泡了。

3. 肺炎的征兆

出生未满百天的婴儿，因为抵抗力比较弱，再加上和成人的接触比较多，所以很容易受细菌和各种病毒的感染而引发肺炎。当婴儿患上肺炎时，会出现口吐泡沫、食欲差、精神萎靡、出气不赢的情况，可能还会出现发热和咳嗽等症状。如果家长不能及时发现这些情况，就有可能延误婴儿的病情。

4. 溃疡的征兆

如果婴儿吐泡泡过于频繁，还伴有其他异常情况，就应考虑是否有病理性原因。如果婴儿饿了，但又抗拒吃奶并且哭闹，应检查婴儿的口腔和舌头是否有溃疡。如果有，应及时带婴儿去医院就诊，以免造成更严重的后果。

（二）护理方法

一般来说，婴儿吐泡泡大多是正常的生理现象，无须特殊治疗。对于婴儿的这种行为，无须过度干涉，只需保持其口腔周围的干燥和卫生即可。具体做法如下所述。

（1）保持婴儿口腔周围的清洁。可以用干净柔软的毛巾或纸巾擦拭婴儿口腔周围，以免口腔周围的皮肤长期受口水浸泡，造成感染。

（2）注意观察。平时多观察婴儿的精神状态和行为，了解其身体变化传递的信号，遇到问题不拖延，早发现、早治疗，保证婴儿的健康成长。

四、婴幼儿囟门的护理

囟门是指颅骨结构不紧而形成的颅骨间隙。婴幼儿有前囟门和后囟门两个囟门（见图3-2-13）。前囟门位于头顶部，是连接两侧额骨和顶骨之间的骨缝而形成的菱形间隙；后囟门靠近头枕部，是两侧顶骨和枕骨之间的骨缝形成的三角形间隙。

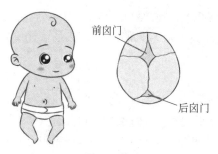

图 3-2-13

婴幼儿前囟门骨缝刚出生时为 1.5～2 厘米；6 月龄时最大，为 3 厘米；7 月龄后逐渐缩小。大部分婴幼儿囟门闭合的时间在 1～1.5 岁，最迟不超过 2 岁。囟门的护理方法如下。

（1）给婴幼儿剃头时，可在囟门处留一簇头发，以保护囟门。

（2）在给婴幼儿洗澡时，可用温水轻轻揉搓囟门处污垢，注意不能用力按压或抓挠，更不能用利器刮。如果囟门处头皮缺乏护理和清洗，就可能会堆积污垢，出现脂溢性湿疹。对于堆积的污垢可以先用温水打湿，待污垢变软后，再用棉球蘸适量食用油，沿着头发生长的方向擦拭。擦拭动作应轻柔，小心擦破皮。如果污垢又厚又硬，可以分次擦拭。

（3）外出时戴上帽子可以有效地保护婴幼儿的囟门。日常生活中还需要特别注意尖锐物品，防止它们刺伤婴幼儿的囟门。

【实训卡片】

彬彬，3 岁，男，平时活泼好动，身体较健康，没有大问题。但是近半个月来，彬彬母亲发现彬彬有遗尿现象，不知道该怎么处理。

实训任务：作为照护者，请正确进行幼儿遗尿现象的干预，具体内容见表3-2-2。

表 3-2-2　幼儿遗尿现象干预操作流程

步骤	项目	内容
评估	照护者	着装整齐，适宜组织活动；普通话标准
	环境	要求周围环境干净、整洁、安全，创设了充满童趣的环境，适宜幼儿活动
	物品	记录本、笔、手部消毒剂、幼儿睡前读物、音乐播放器、室温计
	幼儿	经评估，幼儿精神状态良好，情绪稳定，适合开展活动
计划	预期目标	幼儿遗尿现象得到纠正
	活动过程	（1）创造适于幼儿睡眠的环境。＿＿＿＿＿＿＿＿＿＿＿ （2）给幼儿读睡前读物，播放助于入睡的音乐，与幼儿聊天，消除＿＿＿＿＿＿ （3）限制和控制幼儿行为。＿＿＿＿＿＿＿＿＿＿＿；保证幼儿情绪稳定。 （4）与家长沟通。"家长，您好！平时睡前应限制和控制幼儿以下行为：忌进食和饮水过多，禁喝饮料；保证幼儿情绪稳定。平时引导幼儿定时排尿，在日间让幼儿尽量延长排尿间隔时间，逐步由每＿＿＿＿小时 1 次延长至＿＿＿＿小时 1 次，以扩大膀胱容量；也可以让幼儿在排尿过程中中断排尿，数＿＿＿＿下后再把尿排尽，从而增强膀胱功能。注意营造温馨的家庭环境，避免在幼儿面前争吵。若通过非医疗手段，幼儿遗尿习惯得不到纠正，应及时就医，查找原因，遵医嘱治疗。"
评价	活动评价	（1）记录课堂中每个幼儿的表现并进行评估； （2）与家长沟通幼儿表现，并进行个别指导
	整理	整理物品，安排幼儿休息

任务三　婴幼儿心理保健与行为问题指导

【情境导入】

　　一位年轻的母亲发现她的宝宝（1 岁半）最近变得非常黏人，总是需要她的陪伴。当母亲做家务或其他事情时，宝宝会哭闹，表现出强烈的分离焦虑。这使得母亲感到非常困扰和无助。

　　针对这个情境，思考以下问题：

　　（1）为什么宝宝会表现出分离焦虑？

　　（2）如何处理宝宝的分离焦虑？

　　（3）家长在宝宝的成长过程中应该注意哪些心理保健问题？

　　（4）如何建立良好的亲子关系，促进宝宝的心理健康发展？

【任务学习】

第一节　婴幼儿常见心理问题的识别与处理

　　婴幼儿的心理发展主要涉及动作、语言和认知能力的发展。

一、婴幼儿心理健康的标准

　　由于婴幼儿的语言和自我感知能力还处在形成当中，他们无法用语言准确表达内心的感受，因此，对婴幼儿心理健康的测量最好由父母或照护者来实施。测量标准通常应该从统计的角度来建立，即判断一个婴幼儿的心理是否健康，是通过观察其是否能达到相应年龄段大多数婴幼儿的心理发展水平来评估的。

（一）动作发展

1. 0～1 月龄

新生儿应具有一些简单的动作反射，如会吮吸塞入口中的奶头，会转向触碰嘴角的物体，握紧放在手掌上的物品。满 20 天处于俯卧位时，头可以平举。

2. 2～8 月龄

可以借助支撑坐立 1 分钟。

3. 9～12 月龄

9 月龄婴儿应能独自坐立，借助支撑可站立；10 月龄婴儿应能用手和膝爬行；11 月龄婴儿应能独自站立；12 月龄婴儿应能由照护者搀着走。

4. 13～24 月龄

13 月龄幼儿应能独立行走；18 月龄幼儿应能独自爬楼梯；24 月龄幼儿应能从地板上拾起物品而不跌倒，并能奔跑和后退。

（二）语言发展

1. 0～1 月龄

新生儿应能通过哭闹向成人表达饥饿、身体不舒服等信号。

2. 2～11 月龄

大约从 4 月龄起，应能把声母和韵母音连续发出，如 mama、baba、dada、gagaga 等。

3. 12～18 月龄

到 12 月龄时，一般应能理解性地使用"妈妈"——一个含义丰富的词，同时也是句子。到 18 月龄时，应能说出双词句，如"妈妈水""吃蛋蛋"等。

4. 19～24 月龄

19～24 月龄幼儿的语言表达能力迅速发展，应能使用由 3 个词或 3 个以上词组成的短语或句子。此时，他们的词汇量应从约 20 个迅速扩大到 300 个以上。

5. 2～3 岁

2～3 岁时幼儿应具有使用各种基本类型句子的能力。

（三）认知能力的发展

1. 0～6 月龄

新生儿的学习只局限在一些条件反射上，如巴宾斯基反射，即当轻拍新生儿的脚底时，其大脚趾会缓缓上翘，其余脚趾会呈扇形展开。到 4 月龄左右时，婴儿表现出越来越"聪明"的行为，他们会对所有人，甚至对物体发出微笑，能把来自不同感官的信息联系在一起，如把愉快的脸和愉快的声音联系在一起，把愤怒的脸和愤怒的声音联系在一起。

2. 7～12 月龄

应能认识到物体和人会消失不见，但会重新出现。

3. 13～24 月龄

2 岁时，幼儿应能以心理意象的形式描述自己的体验，如当通向某一目的地的道路受阻或改变了会寻找新的路线。这是一种心理符号的控制和理解活动，它使幼儿能以可预见的、一致的、可调节的，甚至是反射的方法来做出行动。这用儿童心理学家皮亚杰的理论来解释，就是前概念思维。

二、婴幼儿的心理发展特点

婴幼儿的心理发展过程是一个复杂且多维度的过程，对于高职院校学前教育专业的学生来说，深入理解婴幼儿的心理发展特点对于未来的教育实践至关重要。以下是一些对婴幼儿心理发展特点的介绍，旨在帮助同学们更好地掌握婴幼儿的心理发展规律。

（一）婴幼儿的感知觉发展迅速

婴幼儿对外部世界的认知主要通过五官来实现，他们对鲜艳的颜色、悦耳的声音、柔软的触感等具有强烈的感知能力。因此，在教育实践中，应充分利用这些特点，为婴幼儿提供丰富多样的刺激，促进他们感知觉的发展。

（二）婴幼儿的注意力容易受外界干扰

婴幼儿的注意力通常表现为无意注意，即他们容易被新颖、有趣的事物吸引。因此，在教育实践中，应设计具有趣味性和吸引力的内容，以吸引婴幼儿的注意力，提高他们的学习效果。

（三）婴幼儿的记忆能力在不断发展

婴幼儿通常通过机械记忆来记住一些简单的儿歌和故事等。随着年龄的增长，他们的记忆能力逐渐提高，能够理解和记忆更复杂的信息。在教育实践中，应注重培养婴幼儿的记忆能力，通过重复和强化等方式帮助他们巩固所学知识。

（四）婴幼儿的好奇心强

婴幼儿常常会对周围的事物产生浓厚的兴趣，并提出各种问题。在教育实践中，对于婴幼儿提出的问题，应耐心解答，引导他们探索未知的世界。

（五）婴幼儿的情绪表达直接且真实

婴幼儿通常会通过哭和笑来表达自己的情绪。在教育实践中，应注意观察婴幼儿的情绪变化，及时给予关爱和支持，帮助他们培养积极乐观的心态和建立良好的人际关系。

总之，婴幼儿的心理发展特点具有多样性和复杂性，只有深入理解这些特点才能更好地掌握婴幼儿的心理发展规律，为未来的教育实践提供有力的支持。

三、婴幼儿心理不健康的 5 种表现

婴幼儿心理不健康的常见表现如下所述。

（一）多动症

婴幼儿的心理状态可以表现在其行为上，有些会出现"多动症"，主要表现在好动、注意力不集中、自我控制能力差及情绪波动大等几个方面。好动的具体表现有喜欢跑动、爬上爬下、离位走动、叫喊或讲话、引逗旁人和小动作不停等。注意力不集中的具体表现有上课时不专心听讲、注意力涣散、易受环境干扰而分心、在课堂上东张西望、心不在焉和凝神发呆等。自我控制能力差的具体表现有幼稚任性、克制力差、易被激怒和冲动等。情绪波动大的具体表现有喊叫或哭闹、脾气暴躁、冲动等。

（二）焦虑

焦虑指没有明显身体原因的恐惧状态。具体表现为缺乏自信、过于敏感、食欲不振和无端哭闹等。这类婴幼儿因对陌生环境过于敏感而担心害怕甚至惶恐不安、哭闹不停，常常担心被别人嘲笑，对尚未发生的事情会过分担忧，对日常一些微不足道的小事也会过分焦虑。

（三）恐惧和失眠

恐惧是指对某些事物或情景产生的惧怕和逃离的心理，如害怕打雷闪电。幼儿对于一些没有危险或基本没有危险的事情也会感到恐惧，并且当这种恐惧十分突出时，会出现回避、退缩行为。失眠的婴幼儿入睡困难，睡眠中不时惊醒、哭闹，甚至做噩梦，并且白天精神萎靡、情绪不稳。

（四）攻击

这类幼儿经常搞恶作剧，喜欢讽刺和挖苦别人，对美好的物品毫不爱惜，表现出攻击性。

（五）恶劣的人际关系

幼儿的人际关系主要是指他们与父母、老师及同伴之间的关系，幼儿在这些人际交往中的表现可以反映其心理健康状态。心理健康的幼儿乐于与人交往，善于与同伴合作和共享，理解与尊重他人，待人慷慨友善，也容易被别人理解和接受。心理不健康的幼儿一般没有融洽的人际关系，可能是心理不健康而与他人产生了交流障碍，这类幼儿通常表现为不能与他人合作，缺乏同情心，猜疑或嫉妒他人，不能融入集体等。

第二节　婴幼儿行为问题的纠正方法与实践

婴幼儿的精神健康对其健康成长至关重要，作为照护者必须警惕婴幼儿不良情绪背后的心理问题，以便为家长提供更科学的育儿指导。常见的婴幼儿行为问题及纠正方法如下。

一、宝宝有根"蜜手指"

（一）表现

一些较大的婴儿经常吮吸手指或脚趾，其中以吮吸大拇指为多见，严重时会导致大拇指变形，有些婴儿甚至不吮吸手指就睡不着觉。

（二）原因

1 岁以内的婴儿爱吮吸手指属于正常现象，这是因为婴儿通过嘴巴认识世界，而手对于大脑还没有完全发育的婴儿来说，只是一个外在的物品，而不是自己身体的一部分。这就是所谓的自我分化不良。

（三）干预技巧

随着婴儿大脑发育的不断完善，多数婴儿会逐渐改掉吮吸手指的习惯。但是如果较大的幼儿仍有吮吸手指的习惯，那么属于心理问题，如曾经受到较大的心理创伤，吮吸手指可以起到抚慰作用。

（知识链接）

一位妈妈为了给 6 月龄孩子断奶，狠心将其寄放在老家。孩子哭了几天，后来养成了严重的吮吸手指的习惯。

分析：父母应多与孩子沟通，找出孩子的心理问题，此外可以采取转移注意力的方法，多陪孩子玩，用有趣的玩具逗孩子开心，或者让孩子帮忙做些小事，增加手的活动，逐渐纠正其吮吸手指的习惯。

二、控制不住咬指甲和撕手皮

（一）表现

有些孩子控制不住咬指甲，以至咬破了甲床或指尖；有些孩子控制不住撕手皮，一见有手皮就想去撕。

（二）原因

孩子控制不住咬指甲和撕手皮的原因可能是体内缺乏微量元素，但更多是因为患有心理疾病。

（三）干预技巧

对于控制不住咬指甲的孩子，父母平时应该给予更多的关心，可以通过与孩子一起玩游戏或外出活动来转移其对咬指甲的注意力。此外应正面引导孩子纠正咬指甲行为，如可以订立亲子合约，切忌斥责孩子，否则可能会加重孩子的心理问题。

除了心理治疗，对于控制不住撕手皮的孩子，家长可以让孩子多吃蔬菜水果，补充维生素，以减少皮肤起皮，从而减少孩子撕手皮的机会。

三、暴躁易怒

（一）表现

有些孩子暴躁易怒，并且攻击性强，很多家长以为这是天生的性格，或者是低情商的表现，其实很多时候这是心理问题。

（二）原因

虽然有些孩子确实由于先天神经系统存在暴躁易怒的情况，但是大多数跟后天的教育和环境有关。

（三）干预技巧

如果孩子发脾气，可以在保证安全的前提下，将其隔离在比较单调的场所冷处理几分钟，这种方式对暴躁易怒的孩子比较有效果。此外，家长必须自省，尽量避免在孩子面前吵架。

四、3 岁以上的孩子过度依赖家人

（一）表现

3 岁以上的孩子依然十分依赖家人，即使是玩感兴趣的玩具，也必须让家人陪同。

（二）原因

一般来说，2 岁以下的孩子依赖家人属于正常情况，随着年龄的增长会逐渐适应与家人的分离。有些大孩子有严重的依赖症可能与小时候的日常生活离不开家人有关，如家长过分照顾和保护孩子，让孩子觉得什么事情都需要家人帮助才能完成。此外，早期（3 月龄～1 岁）失去母亲照顾的孩子可能更容易出现依赖问题。

（三）干预技巧

对于过度依赖家人的孩子，家长应该逐步培养孩子独立做事的习惯，尤其是让孩子能够体会到独立完成一件事的成就感，慢慢地孩子会发现脱离家长还有很多好玩的事情可以做。其次，家长在离开孩子时，必须告知孩子，并表示自己一定会回来。

五、过度恐惧

（一）表现

孩子有恐惧感是非常正常的，但是对于那些超过了正常范围的恐惧感需要引起家长的注意，如害怕天黑、害怕医生、害怕上幼儿园等。

（二）主要原因

人的恐惧感与身体机能的发展、个人的成长经历几乎成正比。随着接触的事物、经历的事情越来越多，孩子体验到的恐惧感也会相应增多。一般来说，对生病、死亡、独处、黑暗及想象中的怪兽的恐惧，在 4 岁时达到顶峰，6 岁后开始下降。能否克服恐惧感，与孩子在家长身边是否感到安全密切相关。

（三）干预技巧

孩子的想象力极其丰富，常常易将想象和现实混淆，家长应该站在孩子的角度安抚孩子，不应置之不理，更不应吓唬孩子。对于还不会表达的孩子，可以通过搂抱、拍抚及轻声安慰等方式减少孩子的恐惧感；对于会表达的孩子，家长应鼓励孩子说出恐惧原因，在安慰的同时给出事情的真相，如解释天为什么会黑。

六、退缩行为

（一）表现

有些孩子性格孤僻、不合群，尤其是上幼儿园后，经常一个人独处，不与其他小朋友玩，不参加集体活动，也不回答老师的提问。

（二）原因

退缩行为一般在孩子面对陌生环境时出现。心理学研究表明，退缩行为是孩子认为自己无法克服面临的困难和障碍，担心自己在同伴、老师或父母面前出丑而采取的一种自我保护行为。退缩行为可能是孩子先天适应能力差导致的，也可能与后天的养育不当有关。有些父母在孩子小时候不让其与其他孩子交往，或者过分照顾和迁就，都会造成孩子的适应能力较差。

（三）干预技巧

父母应多方创造条件，使孩子能和其他小朋友一起玩耍，并多陪孩子参加社交活动，让其适应不同的社交场合。对已经出现退缩行为的孩子，父母和老师应帮助他们克服孤独感、适应外界环境，以及与小伙伴建立和睦的人际关系。

七、遗尿

（一）原因

遗尿有一定的遗传倾向，如果父母双方或单方小时候习惯性遗尿，那么他们孩子遗尿的概率会达到 77%。此外疾病也会导致遗尿，如尿道口局部炎症、尿道感染、肾脏疾病、脊柱裂、脊髓损伤、大脑发育不全、膀胱容积过小等，不过这类遗尿的占比很小。还有一类遗尿是心理原因所致，如孩子入睡前太兴奋、白天受到惊吓或与他人发生争执、父母吵架等。

遗尿现象的
干预

（二）干预技巧

晚餐不宜过咸，以免孩子睡前因口渴而喝水过多；此外父母应督促孩子睡前小便，不可憋尿睡觉。孩子遗尿后会害羞、自卑，所以父母不宜过多责备孩子。最重要的是在日常生活中父母应帮助孩子养成良好的排尿习惯。

【实训卡片】

雯雯，女，1.5 岁，体质量比同龄孩子大且身体素质较差。平常遇气候变化容易感冒，且每次感冒都会咳嗽和气喘。立夏以来气温升高，生活老师计划给雯雯进行冷水浴锻炼以逐步增强其体质。

实训任务：作为照护者，如何给予幼儿冷水浴锻炼？具体内容见表 3-3-1。

表 3-3-1 幼儿冷水浴锻炼操作流程

步骤	项目	内容
评估	照护者	着装整齐，适宜组织活动；普通话标准
	环境	环境干净、整洁、安全，充满童趣，适宜幼儿活动
	物品	记录本、笔、手部消毒剂、浴盆、浴巾、沐浴露等
	幼儿	经评估，幼儿精神状态良好、情绪稳定，适合开展活动
计划	预期目标	（1）幼儿冷水浴锻炼顺利实施；（2）幼儿主动配合，情绪愉悦
	活动过程	（1）在浴盆里放好适宜的温水； （2）给幼儿做_____活动，让其站在盛有_____水的浴盆里； （3）提起冷水壶（水温为 28℃左右）_____； （4）按照_____→_____→_____的顺序操作； （5）冲淋时不可冲_____，动作应迅速； （6）淋浴时喷头不宜高过幼儿头顶_____厘米； （7）操作过程中注意观察幼儿情况，若幼儿感觉寒冷或出现寒战，应立即停止淋浴，帮助幼儿擦干身体和穿上衣服，并让其在室内休息，适当口服温开水或糖水
评价	活动评价	（1）记录课堂中幼儿的表现并进行评估； （2）与家长沟通幼儿表现，并进行个别指导
	整理	整理物品，安排幼儿休息

【跟踪练习】

1. 当婴幼儿出现行为问题时，以下哪种方法是错误的？
   A. 及时回应并满足孩子的需求·
   B. 避免过度溺爱或纵容孩子的行为
   C. 使用惩罚手段来纠正孩子的行为
   D. 与孩子建立积极的情感联系和沟通

2. 以下哪项不是婴幼儿心理保健的要点？
   A. 关注孩子的情感需求和表达
   B. 提供安全、稳定和友爱的环境
   C. 过度关注孩子的智力发展
   D. 提高孩子与家长的亲密度

3. 以下哪项不是常见的婴幼儿行为问题？
   A. 黏人、依赖性强
   B. 睡眠问题、夜惊夜啼
   C. 食欲不振、挑食偏食
   D. 攻击性行为、无故哭闹

4. 在处理婴幼儿行为问题时，以下哪种做法是错误的？
   A. 观察并理解孩子的需求和情绪
   B. 避免对孩子进行体罚或恶言相向
   C. 用威胁或恐吓的方法来纠正孩子的行为
   D. 与孩子建立互信和积极互动的关系

答案：C，C，C，C。

【项目小结】

婴幼儿日常保健是婴幼儿照护中不可或缺的一环，它涵盖了饮食营养、卫生习惯和疾病预防等多个方面。科学合理地安排婴幼儿的饮食，可以确保他们获得充足的营养，为其健康成长打下基础；帮助婴幼儿养成良好的卫生习惯，有助于预防疾病；及时有效地预防疾病和采取应对措施，可以为婴幼儿的健康与安全提供保障。因此，婴幼儿照护者需要全面掌握婴幼儿日常保健知识，为婴幼儿创造一个健康、安全的成长环境。

项目四　婴幼儿早期发展与指导

【课前预习】

查阅资料，了解不同年龄段婴幼儿的发展特点，思考婴幼儿发展是否有规律可循。如果有，尝试总结这些规律。

【知识导航】

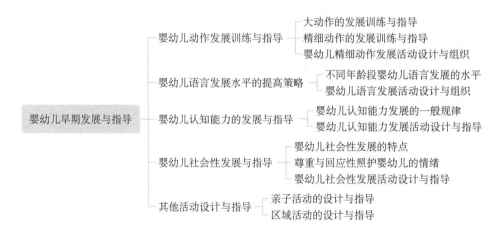

【素质目标】

（1）树立正确的教育观念，促进婴幼儿全面发展；
（2）培养早期发展意识，重视早期教育对婴幼儿成长的影响。

【学习目标】

（1）了解家庭与托育机构在婴幼儿成长中的角色和责任；
（2）掌握家托共育的基本知识和方法；
（3）学会家托沟通的技巧和策略。

【技能目标】

（1）能够与家长建立良好的合作关系，共同促进幼儿发展；
（2）能够根据家长要求提供个性化的家庭教育指导；

（3）具备良好的沟通和组织能力，能够组织和开展家托共育活动。

任务一　婴幼儿动作发展训练与指导

【情境导入】

西西在一所托幼机构上班，今年刚晋升为主班，他负责的葡萄班的幼儿均在31~
36月龄。这周教研工作会议确定的本周教学主题为动作发展，需要主班依此主题给在
班幼儿设计并开展大动作领域活动。

任务：作为照护者，请给葡萄班的幼儿依照教研工作会议确定的主题设计并开展大
动作领域活动。

【任务学习】

第一节　大动作的发展训练与指导

身体的运动受大脑指挥，反过来，运动可促进大脑发育。大动作
发展对促进婴幼儿体能、技能、健康行为和体育品德的发展有重要的
影响。

大动作发展训练
指导

一、婴幼儿大动作发展的一般规律

（一）头尾律

婴幼儿最早发展的动作是头部动作，其次是躯干动作，最后是脚的行走动作。动作发展
遵循身体上部的动作发展先于身体下部的动作发展的规律。

（二）大小律

婴幼儿最早发展的动作是与大肌肉关联的动作，即大肌肉、大幅度的大动作先发展，
小肌肉的精细动作后发展。如婴幼儿上肢动作先发展的是与手臂大肌肉相关联的伸臂动作，
然后才逐渐发展与手指小肌肉相关联的抓、握、拿等动作。

（三）近远律

婴幼儿动作的发展从身体的中部开始，越接近躯干的部位，动作发展越早，而远离躯
干的肢端动作发展较迟。

（四）从整体到局部的发展规律

婴幼儿最初的动作是全身性的、笼统的，经过生长发育后才逐步分化成局部的、准确
的、专门化的动作。

（五）无有律

婴幼儿最初的动作是无目的的和未分化的，经过生长发育后，才逐渐出现有意识的动作，如有意识地用手抓握眼前的玩具、有目的地挪动身体等。

二、婴幼儿大动作发展训练指导

婴幼儿的大动作发展是有规律可循的，如关于婴幼儿大动作发展规律的顺口溜"二抬四翻六会坐、八爬十站周会走，二岁跑，三岁独足跳"，很多家长喜欢用此来衡量自家婴幼儿的大动作发展是否正常，这本无可厚非，但是也会带来一些问题，如很多家长过于严格遵照这些标准，一旦发现自家婴幼儿的大动作发展不符合以上标准，就会过度担心。其实每个婴幼儿的大动作发展都有自己的独特性，有的快一些，有的慢一些，只要在正常的时间范围内，一般都不会有问题。大动作发展特别慢的婴幼儿，可以去医院诊断一下。作为照护者，必须掌握科学训练婴幼儿大动作的方法。

（一）抬头训练

训练目的：增强婴儿颈部、背部、腰部的力量，促进身体全面发育。

训练时间：餐前或餐后 1 小时进行，每天在婴儿醒着时训练 3～4 次，每次 1～2 分钟，循序渐进地增加抬头次数及抬头时间。

训练准备：小枕头或小毛巾、颜色鲜艳的和带响声的玩具、稍硬的床（太软无法给婴儿提供足够的支撑，太硬婴儿力竭时容易磕到头）。

训练方法：竖抱抬头、俯腹抬头和俯卧抬头。

1. 竖抱抬头

喂奶后，竖着抱起婴儿，将其头部靠在照护者肩头，切勿堵住其口鼻。然后用空心掌轻拍婴儿背部，直至婴儿打出响亮的嗝，见图 4-1-1。

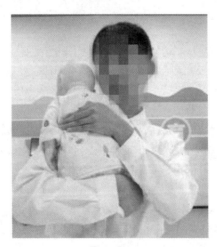

图 4-1-1

2. 俯腹抬头

在婴儿空腹时放在胸腹前，并使婴儿自然地俯卧在照护者的腹部。照护者将双手放在婴儿背部对其进行按摩，并逗引婴儿抬头，见图 4-1-2。

图 4-1-2

3. 俯卧抬头

两次喂奶中间，让婴儿俯卧，照护者可以抚摸婴儿背部，并用玩具逗引，鼓励其抬头并尝试向左或向右转动，见图 4-1-3。

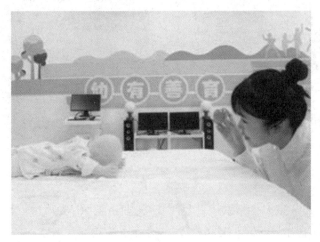

图 4-1-3

（二）坐立训练

训练目的：增强婴儿颈部、背部、腰部的力量，促进身体全面发育。

训练时间：餐前或餐后 1 小时进行，每天在婴儿醒着时训练 3~4 次，每次 1~2 分钟，循序渐进地增加坐立次数及坐立时间。

训练方法：前臂支撑、翻身、拉坐和独坐。

1. 前臂支撑

照护者站在婴儿面前与其讲话，鼓励其用前臂支撑全身，尝试胸部离开床面，慢慢抬头。

2. 翻身

照护者可以将婴儿一侧的胳膊抬高，握住其另一侧的手，做翻身动作，这样婴儿既可以顺利完成双手支撑的动作，也可以由仰卧到侧卧再到俯卧，见图 4-1-4。

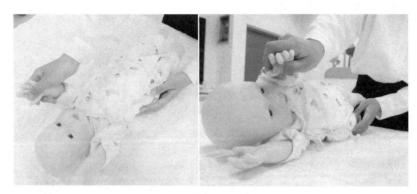

图 4-1-4

3. 拉坐

适合 4 月龄婴儿。照护者双手握住婴儿的手腕，慢慢将婴儿从仰卧位拉到坐立位，反复训练，见图 4-1-5。

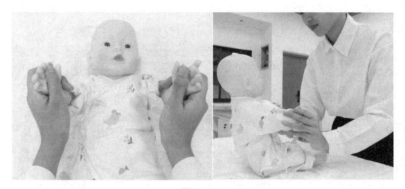

图 4-1-5

4. 独坐

适合 6 月龄婴儿。照护者帮助婴儿用手支撑呈向前坐的姿势，放玩具在前方，逐步让婴儿练习独坐，防止跌倒，见图 4-1-6。

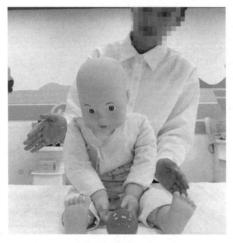

图 4-1-6

（三）直立训练

训练目的：增强婴儿颈部、背部、腰部的力量，促进身体全面发育。

训练时间：餐前或餐后 1 小时进行，每天在婴儿醒着时训练 3～4 次，每次 1～2 分钟，循序渐进地增加直立训练次数。

训练方法：直立和靠坐。

1. 直立

两手扶在婴儿腋下，让婴儿站在照护者的大腿上，保持直立姿势，同时可以用该姿势进行举高、放下游戏，反复训练多次，以训练婴儿的平衡感，见图 4-1-7。

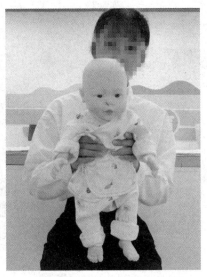

图 4-1-7

2. 靠坐

让婴儿坐在照护者大腿上，照护者左手环抱婴儿腹部，右手放在婴儿臀部下方作为支撑，让婴儿练习靠坐。支撑力量可逐步减少，每日可练习数次，每次 10 分钟，见图 4-1-8。

图 4-1-8

（四）爬行训练

爬行可以提高婴儿的运动能力和协调能力，并可以增强婴儿的体质，所以必须让婴儿充分爬行。训练婴儿爬行时可以让婴儿腹部离床用手膝爬，也可以让婴儿和其他同龄婴儿在地板上互相追逐爬着玩，或者让婴儿边爬边推滚小皮球玩。

训练目的：锻炼婴儿身体的协调性，促进婴儿大脑的发育和提高婴儿的运动能力，同时增进亲子关系。

训练方法：抵足爬行、做被动操和连续翻滚。

1. 抵足爬行

让婴儿从匍匐爬行转到抵足爬行，训练时照护者用手抵住婴儿的双脚让婴儿平趴，婴儿通过弯曲双腿和腹部发力向前爬行，见图4-1-9。

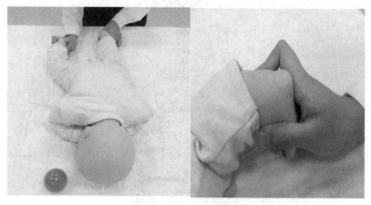

图 4-1-9

2. 做被动操

带婴儿做被动操，主要是为了让婴儿练习上肢和下肢爬行，还有站立、走、拾取及跳的动作。做操的时间应选择在婴儿进食1小时后及情绪好时，做操的过程中最好配有节奏舒缓的音乐和照护者轻声喊的口令，每次选做1节，循序渐进，见图4-1-10。

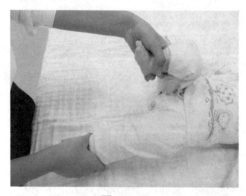

图 4-1-10

3. 连续翻滚

帮助婴儿学会从俯卧转到仰卧，再从仰卧转到俯卧，循环往复。

（五）站立训练

训练目的：锻炼幼儿身体的协调性和腿部力量。

训练方法：扶物站立、在照护者帮助下站立和坐下、站立和迈步、扶行到独走。

1. 扶物站立

让幼儿练习自己从仰卧位扶着物体如床栏杆站立。可以先扶着栏杆坐立，再扶着栏杆站立，锻炼身体的动态平衡能力。

2. 在照护者帮助下站立和坐下

让幼儿从仰卧位扶着物体或牵着照护者的一只手站立，在幼儿站立时用玩具逗引 3～5 分钟，然后扶住幼儿双手让其慢慢坐下，以免疲劳。

3. 站立和迈步

用语言和动作示意幼儿从仰卧位坐起，并扶着幼儿双手鼓励其站立和迈步。此时应表扬幼儿，让其高兴，使其身体的平衡和协调能力进一步发展。

4. 扶行到独走

继续让幼儿扶物或扶手站立，并训练幼儿扶物迈步，可将若干椅子相距 30～40 厘米排好以让幼儿扶着学走路，并逐渐加大椅子之间的距离。家长扶幼儿学走路时，先用双手再用单手领着走。家长用左手或右手领着幼儿走路的力度、时间长短都应该均衡。待幼儿走得较稳时，家长可以悄悄放手，让幼儿逐渐过渡到独自走路。

（六）跳跃训练

训练目的：锻炼婴幼儿的腿部、腹部和臀部肌肉以增强其肌肉力量和耐力，同时提高其左右半身的协调性。

在婴幼儿的成长过程中，学会跳跃对于婴幼儿很多方面的发展都非常有帮助。蹦蹦跳跳不仅是一种运动，更是婴幼儿身体和大脑协调发育的重要一环。表 4-1-1 列出了不同月龄婴幼儿跳跃技能的发展特点。

表 4-1-1　不同月龄婴幼儿跳跃技能的发展特点

月龄	图片	特点
3		能够自主反射动作，如踢腿
6		能够有力地踢腿，并试图扶物站立

月龄	图片	特点
9		尝试跳动，并能在支撑物的帮助下完成站立和跳跃动作
12		尝试单脚蹦跳
18		可以双脚蹦跳，并尝试越过障碍物
24		能够双脚离地跳，并且能够维持身体的平衡

三、婴幼儿大动作发展异常

虽然婴幼儿大动作发展的顺序大体相似，但是速度却有很大的个体差异。因此需要根据婴幼儿大动作发展预警征来判断其大动作发展的状况是否正常。也就是说某个阶段如果还做不了某个动作，照护者就需要警惕了，如表 4-1-2 所示。

表 4-1-2　婴幼儿大动作发展的预警征

月龄	预警征
3	俯卧时不会抬头
6	不能扶坐
8	不会独坐
12	不会扶物站立
18	不会独走
24（2 岁）	不会扶着护栏上楼梯/台阶
30	不会跑
36（3 岁）	不会双脚跳
48（4 岁）	不会单脚站立
60（5 岁）	不会单脚跳
72（6 岁）	不会奔跑

如下是正常的爬行方式。

（一）倒着爬

婴儿出生 6 个月后开始练习爬行时，首先是腹部着地，在爬行的过程中，由于用力不当，可能会在原地打转，或者向后退，这些都是婴儿学习爬行过程中的正常现象。一般经过几天或 1 周的爬行练习，婴儿就会借助腹部与手臂的力量，带动身体往前爬行了。所以倒着爬是一种正常的婴儿成长现象。

婴儿出生后的第 7～9 个月是爬行敏感期，婴儿通过爬行不但可以促进四肢肌肉和骨骼的发育，使全身动作更加协调，而且还可以刺激手、脚、眼、脑的神经，从而可以有效地预防感觉统合失调的发生，为身体控制能力和平衡能力的发展打下坚实的基础。

（二）腹部贴地爬

一些比较胖的婴儿，在爬行时很容易腹部贴地。很明显，婴儿因为腹部比较大，即使非常努力地挥动胳膊和腿，也难以支撑身体。随着四肢力量的增加，婴儿很快能腹部离地，借助膝盖和双臂往前爬动，因此家长无须过多担心。

（三）顺拐爬

有时婴儿在还没有掌握协调每侧身体的技巧前就已经学会同时使用胳膊和腿来挪动自己的身体了，但通常只会用单侧手臂和膝盖爬行。

（四）翻滚爬

有些婴儿在从熟练翻身到练习爬行的过程中，因为翻身技巧过于娴熟，会不自觉地把翻身技巧用在爬行上。这时，婴儿几乎是翻滚着往前爬，或者坐着向前蹭。

第二节　精细动作的发展训练与指导

婴幼儿精细动作的发展主要体现在手指、手腕和手掌等部位的动作发展上。经常训练婴幼儿的手指可以促进其大脑发育，这是因为手指精细的、灵巧的动作可以为大脑提供丰富的内源性信息，激活大脑中的某些创造性区域，从而使大脑神经树突的连接更加复杂也更加合理。

精细动作发展训练
指导

一、婴幼儿精细动作训练的意义

（一）促进大脑发育

精细动作训练可以促进婴幼儿的大脑发育，提高婴幼儿的智力水平。通过与婴幼儿的互动和游戏，可以让婴幼儿更好地感知和了解周围的环境，从而促进大脑的发育。

（二）建立良好的神经连接

精细动作训练可以促进婴幼儿手指和手部肌肉的发育，从而建立更好的神经连接，提高婴幼儿的反应能力和手眼协调能力。

（三）促进认知能力的发展

精细动作训练可以让婴幼儿更好地感知和了解自己的身体和周围的环境，从而促进其认知能力的发展。

（四）建立良好的亲子关系

精细动作训练可以增加婴幼儿与父母之间的互动和交流，从而建立良好的亲子关系。

二、精细动作的发展与训练

著名教育家苏霍姆林斯基说过"儿童的智力在他的手指尖上"。精细动作主要涉及小肌肉群的协调活动，通常指手眼协调的运动。人手能够完成 20 多种复杂的动作，如抓、握、伸、屈、托、扭、拧、撕、推、刮、拔、扣、压、挖、弹、鼓掌、夹、穿、抹、拍、摇、绕、旋转等，见图 4-1-11。精细动作的发展有助于提高智力，并在人的一生中不断发展。人手能完成令人叹为观止的复杂任务，是目前任何机器都无法比拟的。

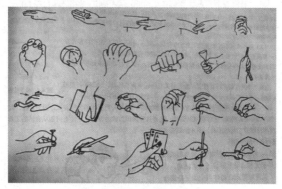

图 4-1-11

（一）0～6 月龄精细动作发展训练

0～6 月龄是婴儿精细动作发展的重要时期。在这一时期，通过一系列有针对性的训练活动，可以促进婴儿手部精细动作的发展，为他们日后的认知、语言及社交能力的发展打下基础。

1. 抓曼哈顿球（1 月龄＋）

和婴儿互抓曼哈顿球，促进婴儿手部精细动作的发展，见图 4-1-12。

图 4-1-12

2. 筷子健身操（1 月龄＋）

让婴儿抓住筷子（如果婴儿不喜欢筷子，可以让其抓住鲜艳的衣架），向上向下移动筷子，也可以绕圈，锻炼婴儿肢体的灵活性，见图 4-1-13。

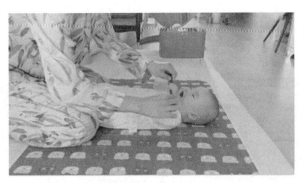

图 4-1-13

3. 松拳头（1月龄＋）

婴儿 1～2 月龄时大部分时间都是紧握拳头的，让其松开拳头不仅可以防止拇指内扣，还可以为后续的抓握动作训练做准备，见图 4-1-14。

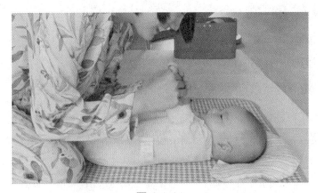

图 4-1-14

具体操作：照护者用手轻轻推开婴儿紧握的拳头，来回按摩几次，同时让婴儿摸摸照护者的脸以形成互动。

4. 按摩婴儿的手

从婴儿的手腕一直按摩到手指尖，每根手指都应按摩到，以帮助婴儿自主张开紧握的拳头，见图 4-1-15 和图 4-1-16。

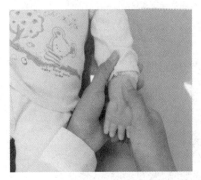

图 4-1-15

图 4-1-16

5. 练习抓握

让婴儿先学会抓小的物品，如小皮球；然后，由协助抓握逐步过渡到让婴儿自主抓握水杯、奶瓶、积木或其他大的玩具，直到婴儿可以抓稳为止。主要锻炼婴儿虎口处和拇指的力量，为其后续的三指捏玩具练习打下基础，见图4-1-17。

图 4-1-17

6. 三指捏玩具练习

让婴儿用三指捏稍大一些的玩具，家长也可以就地取材，如折手绢就可以很好地锻炼婴儿的精细动作，见图4-1-18。

（二）12月龄以上幼儿的手眼协调能力训练

12月龄以上幼儿手眼协调能力训练的重要意义在于可以促进幼儿手部精细动作与视觉感知能力的协同发展，为日后书写、绘画、操作工具等打下坚实的基础，同时也有助于提升专注力、空间感知能力和问题解决能力。

此时幼儿已能够准确地控制自己的手和眼睛做一些精细的动作，如串珠、搭积木和涂抹颜色等。尽管他们的手眼协调能力尚未发育完全，但已经具备了初步的技能。需要说明的是，婴幼儿手眼协调能力的发展是一个渐进的过程，不同月龄婴幼儿手眼协调能力的发展水平也有所不同，见表4-1-3。

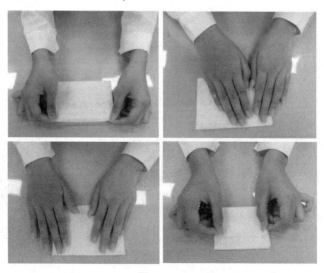

图 4-1-18

表 4-1-3　不同月龄婴幼儿手眼协调能力的发展水平

月龄	发展水平
0～6	已掌握基本的手指控制技能，能够紧握拳头、伸出小拇指、轻轻抓住物品等
7～12	能够比较熟练地抓住和放下物品，如积木、小球、毛绒玩具等
13～18	能够使用指尖控制物品，如使用手指在纸上画出简单的图形、转动小的纽扣、将小石子放入瓶子里等
19～24	能够用手做比较复杂的事情，如剪纸、描画简单的几何形状、将不同颜色物品放到对应的盒子里等

总的来说，婴幼儿手部精细动作的发展是一个渐进的过程，需要家长在每个阶段给予足够的关注和支持。家长可以通过丰富多彩的游戏和活动，帮助婴幼儿发展手部精细动作，这样不仅能够提高婴幼儿的认知能力和智力水平，还能促进婴幼儿身心的健康发展。

1. 穿珠游戏和画画游戏（19～24 月龄）

（1）训练目的。提升幼儿的手眼协调能力。

（2）游戏玩法。用尼龙绳穿珠子，边示范边让幼儿学着做，并反复练习。鼓励幼儿涂涂画画，如画直线、圆、曲线等。

2. 手工游戏（24 月龄以上）

照护者用面团捏成盘子、碗、勺等，鼓励幼儿模仿。

3. 撕纸游戏（24 月龄以上）

用锥子在纸上每隔几毫米扎一个小洞，使其像虚线一样成为撕纸的轨迹，这样幼儿就可以用手将纸撕出特定的形状来。一开始照护者可以用锥子做一些简单的几何形状，如圆形、方形和三角形等来供幼儿撕；随着幼儿手部精细动作的发展，可以增加难度，如做出小汽车和大苹果等曲线有变化的图形来供幼儿撕。

第三节　婴幼儿精细动作发展活动设计与组织

一、任务情景

西西在一所托幼机构上班，今年刚晋升为主班，他负责的葡萄班的幼儿均在 31～36 月龄。这周教研工作会议确定的本周教学主题为精细动作发展，需要主班依此主题给在班幼儿设计并开展精细动作发展活动。

二、任务实施

通过讲解"折纸变变变"精细动作发展活动（31～36 月龄）内容开展本次活动，内容见表 4-1-4。

表 4-1-4　"折纸变变变"精细动作发展活动的内容

步骤	项目	内容
评估	照护者	着装整齐，适宜组织活动；普通话标准
	环境	环境干净、整洁、安全，充满童趣，适宜幼儿活动
	物品	若干份彩色折纸、胶水和画笔，1 份签字笔和记录表，材料齐全，且干净、无毒和无害
	幼儿	经评估，幼儿精神状态良好、情绪稳定，已熟悉常见的折纸方法
计划	三维目标	(1) 认知目标：认识折纸的步骤图； (2) 能力目标：能够正确地折出期望的图案； (3) 情感目标：享受折纸的乐趣，愿意与他人分享
实施	活动实施	一、热身活动 "小朋友们，今天来跟老师做手指操好吗？一个手指点点，两个手指剪剪，三个手指弯弯，四个手指叉叉，五个手指一朵花。哇，大家都做了好呢，真棒呀！" 二、相识问好 "小朋友们，大家好！我是××老师，大家都认识老师了，可以让老师也认识一下你们吗？""哇，你介绍得真棒呀！" 三、解释环节 "家长们，我们这次活动主要是折纸，目的是发展幼儿的精细动作，锻炼幼儿的手指灵活性。这次活动可以增进你们的亲子关系，希望家长们积极配合老师，给小朋友们做好示范。" 四、导入 老师拿出折纸说："昨天老师去了小白兔的家里，它给我吃了非常好吃的胡萝卜，今天呀，老师也想让小朋友们尝一尝。" 五、示范 老师拿出折纸并演示折胡萝卜。 (1)"现在请小朋友们拿起桌子上的彩色折纸，和老师一起来变变变！" (2)(折出第一步)"正方形的纸变变变，变成了什么呢？对了，像一个冰淇淋。" (3)(折出第二步)"哎呀，冰淇淋怎么变小了呢？原来是小白兔忍不住咬了一口啊，现在变成小冰淇淋啦。" (4)(折出第三步)"这次会变成什么样呢？小朋友们，小白兔是不是一个小馋嘴呀，它把小冰淇淋上面的奶油也偷吃了呢。" (5)"哎，我们把这个冰淇淋翻过来看看吧，呀，这是不是变成了小白兔最爱吃的胡萝卜了呢？圆圆的是胡萝卜的脑袋，尖尖的是胡萝卜的脚。可不可以再给胡萝卜变一顶帽子呀，我们拿一张绿色的折纸把它变成胡萝卜的帽子吧。" (6)"在帽子的尖尖角上，涂上一点点的胶水，再戴在胡萝卜的圆脑袋上。哇，好可爱的胡萝卜啊！小朋友们也来试试吧，看谁折的胡萝卜最漂亮！" 六、幼儿和家长活动环节 (1)"小明小朋友，怎么哭啦？有问题可以问老师呀。""你不知道怎么折胡萝卜呀，让老师和妈妈来教你好吗？""真乖，折得真棒呀！" (2)"燕燕小朋友，哇，你的小手真巧呀，折得真棒呀，这么快就折好了，这个胡萝卜肯定是小白兔最想吃的那一个呢。" (3)"荣荣小朋友，你怎么不动啦，是不是遇到什么问题了呀？可以问问老师哦。""啊，原来你是忘记下一步了，老师来教你好不好呀？""哇，你做得真棒！" (4)"家长们，请指导一下小朋友们，帮助小朋友们更好地完成折纸作品，并适当鼓励，以激发小朋友们的自信心。" 七、老师的观察和指导 "小明的家长，你在指导的过程中，尽量不要发脾气，要有足够的耐心，这样才可以让小明拥有更多的自主性，从而更有利于小明的成长。" 八、结束部分 (1)"小朋友们都好棒呀！好啦，让我们一起整理物品吧！"说完老师带领小朋友们将桌子上的废纸丢进垃圾桶，将桌面收拾干净，将物品放回原位。 (2)"物品整理完毕，小朋友们可以休息啦！" (3)总结评价环节。"家长们都掌握了指导方法，并做到了尊重小朋友的自主性，也增进了与小朋友们的亲子关系。" (4)告别环节。"好啦，又到了和小朋友们说再见的时候啦，小朋友们可以和自己的好朋友们说一声再见了哦，拜拜啦，明天见啦！"
评价	活动评价	(1) 记录课堂中每个幼儿的表现并进行评估； (2) 与家长沟通幼儿表现，并进行个别指导
	整理	整理物品，安排幼儿休息

任务二　婴幼儿语言发展水平的提高策略

【情境导入】

西西在一所托幼机构上班，今年刚晋升为主班，他负责的葡萄班的幼儿均在 31～36 月龄。这周教研工作会议确定的本周教学主题为语言发展，需要主班依此主题给在班幼儿设计并开展语言领域的活动。

任务：作为照护者，请给葡萄班的幼儿依照教研工作会议确定的主题设计并开展语言领域的活动。

【任务学习】

第一节　不同年龄段婴幼儿语言发展的水平

婴幼儿的语言发展是一个循序渐进的过程。从刚出生时的用哭声交流，到咿呀学语，再到能够简单表达意愿和情感，婴幼儿的语言表达能力在不断地提升。了解不同年龄段婴幼儿的语言发展水平，有助于更精准地把握他们的语言学习需求，从而为他们提供更为有效的语言启蒙教育方法和策略。

13～18 月龄幼儿语言发展水平与训练方法

一、13～18 月龄

（一）发展水平

13～18 月龄的幼儿对外界的刺微十分敏感，通过跟他们讲话能使他们的语言能力迅速发展。

1. 单字阶段并喜欢用叠词

13 月龄的幼儿只能说一两个字，到 18 月龄时，幼儿知道的词语越来越多，并呈指数式增长，此时大多数幼儿喜欢说简单的叠词，如"车车""饭饭""虫虫"等。

2. 词汇逐渐丰富，理解能力不断提升

18 月龄的幼儿已掌握 50 个左右的词，虽然掌握的词不多，但会从成人的动作中了解词义，能够听懂简单的指令和理解简单的句子，能够用手势和动作表达意愿，如爸爸问宝宝球在哪，宝宝会用手指向球。

3. 元音和辅音的发音尚不够清晰和准确

13～18 月龄幼儿的元音和辅音发音尚不够清晰和准确，经常会发生漏音、丢音或替代发音的现象，如把"姑姑"说成"嘟嘟"，把"哥哥"说成"得得"等。随着年龄的增长，幼儿的发音会越来越准确。

（二）训练方法

18 月龄的幼儿已学会听声会意，并且会说若干个单字。幼儿会说多少，取决于其之前积累的词汇量，所以在这一时期照护者应该经常和幼儿进行对话与交流，以使幼儿理解更多的词汇。通常幼儿理解的词汇越多，就越会表达。

1. 正确发音

首先应该教会幼儿正确地发音。训练的步骤如下：（1）给幼儿示范正确的发音；（2）让幼儿仔细地观察与模仿；（3）重复步骤（1）和步骤（2）；（4）让幼儿尝试发出正确的声音。在训练过程中如果发现幼儿发音有错误，切勿刻意纠正，因为这样会打击幼儿说话的积极性，只需要用正确的发音重复教幼儿即可。

2. 教幼儿说句子

当幼儿会说简单的词语时，如"红帽子""吃饭饭"，照护者就可以在幼儿能理解的短句的基础上，添加一些新的词汇来组成更长的句子，从而逐步让幼儿练习比较复杂的语句。

3. 配合肢体语言

照护者和幼儿说话时，可以运用肢体语言来帮助幼儿理解说话的内容。

4. 带幼儿外出

照护者应该经常带幼儿到户外游玩。在户外时，照护者可以借助所见所闻来锻炼幼儿的表达能力，通过介绍外界的事物可以为幼儿语言能力的提升打下良好的基础。

5. 保持耐心

幼儿能够清楚表达的词汇非常少，但又有强烈的表达欲。当幼儿想表达却又表达不清楚时，照护者应该耐心地听幼儿把话说完并给予回应。照护者的回应和认可，会让幼儿更加自信，也能让幼儿的语言能力迅速提高。

二、19～24 月龄

（一）发展水平

19～24 月龄幼儿
语言发展水平与
训练方法

1. 19 月龄

已经会将动词与主语连用，如说"我吃"的意思是"我想进食"。许多 19 月龄幼儿已经能够理解并使用方位词，如上、下、里、外等。

2. 20 月龄

词汇量增加，能说出由 3～5 个字组成的有意义的句子，热衷于模仿听到的词语。

3. 21 月龄

不仅能说出身体主要部位的名称，还会指向布娃娃身上的相应部位；会耐心地独自看图画书，并能指着图画书上的内容进行简单的复述。

4. 22 月龄

开始模仿成人的语调讲话，如当照护者说"太棒了！"时，幼儿会用相似的语音语调进行模仿。

5. 23 月龄

进入词汇爆发期，能够理解成人的两步指令，如"来这里坐下，妈妈给你穿鞋子"。

6. 24 月龄

会主动问一些问题，也喜欢回答简单的问题。会说出许多经常见到的事物，如家里的物品（床、门）、宠物（狗、猫）等。

（二）训练方法

1. 多和幼儿说话

不限于照护者，必须让幼儿多与其他人接触，以增加幼儿的语言输入量。

2. 积极回应幼儿的提问

0～3 岁是婴幼儿语言发展的关键时期，也是对事物好奇心最强烈的时期。在此期间，照护者应该随时随地给婴幼儿输入大量的语言，如每次冲泡奶粉时，都将冲泡过程给婴幼儿讲述一遍。此外，对于婴幼儿的各种提问，照护者也应积极回应，以满足婴幼儿的好奇心。

必须让婴幼儿多接触外界环境，切勿将其关在家里。带婴幼儿外出时，应不断为其讲解遇到的人和事，以刺激其大脑发育。

3. 读图画书

每天给幼儿读图画书，增加其语言输入量，同时也培养其良好的阅读习惯。

三、24 月龄以上

25～36 月龄语言
发展水平与训练
方法

（一）发展水平

幼儿语言的发展主要表现在语言理解能力和语言表达能力的发展上。

1. 语言理解能力的发展

2 岁幼儿已能逐渐理解成人说的话，能回答一些需要思考才能回答的问题，如"肚子饿了怎么办？""困了怎么办？""你在做什么？"等。研究结果表明，27 月龄的幼儿已能听懂约 400 个词，认识一些基本的颜色，理解许多形容词和介词。30月龄的幼儿能够听懂更多的词语。

2. 语言表达能力的发展

25～27 月龄的幼儿已能用 3 个词组成的"三词句"说话，这与双词句相比，又有了飞跃。因为三词句基本上有了句子的"主、谓、宾"3 种成分，能比较准确地表达意思。这一阶段幼儿常用的词约有 100 个，已会使用一些人称代词和介词，还会用"是"或"不对"等词来回答问题。

随着幼儿语言表达能力的提升，28 月龄后，幼儿又开始学习用 4 个词组成的"四词句"来说话，并能说出一些稍微复杂的句子（由两个或两个以上的简单句连接而成），如"你拿这个，我拿那个""放到碗里，我要吃"等。这一阶段幼儿经常用的词已有 300 多个，还会经常问"什么？""做什么？""在哪儿？""谁的？""谁？"等问题。

（二）训练方法

1. 避免过多使用叠词

在教幼儿说话时，父母尽量避免使用太多的叠词，如"宝宝，咱们该吃饭饭了""宝宝，该便便了"等。过多使用叠词对幼儿的语言发展不利，会限制幼儿准确表达自己的意思。在和幼儿交流时，父母应该尽量使用正常的语句，避免使用太多的儿化词语和叠词。

2. 避免模仿幼儿的错误发音

幼儿刚开始学说话时，会有一些错误的发音，如会把"吃"说成"七"，把"狮子"说成"希几"，如果父母模仿幼儿这样说话，会让幼儿以为这就是正确的发音，再改正就不容易了，所以父母切勿模仿幼儿的错误发音。

3. 教幼儿说话时，父母应该口齿清晰

父母在教幼儿说话时，应该口齿清晰，避免结巴。如果家里有人说话结巴，那么应让说话流利、会讲故事、喜欢聊天的家长教幼儿说话。

4. 多与幼儿交流其感兴趣的事情

为了引起幼儿说话的兴趣，父母可以与其交流他们感兴趣的一些事情。如去动物园时，幼儿见到各种各样的动物会非常兴奋，这时父母可以教幼儿说马、猴子、兔子、大象、老虎等词语，从一个字过渡到两个字，逐渐提升幼儿的表达能力。

第二节　婴幼儿语言发展活动设计与组织

一、任务情景

西西在一所托幼机构上班，今年刚晋升为主班。他负责的葡萄班的幼儿均在31～36月龄。这周教研工作会议确定的本周教学主题为语言发展，需要主班依此主题给在班幼儿设计并开展语言发展活动。

二、任务实施

通过讲解图画书《大卫，不可以》开展本次活动，内容见表4-2-1。

表4-2-1　婴幼儿语言发展水平提高活动的内容

步骤	项目	内容
评估	照护者	着装整齐，适宜组织活动；普通话标准
	环境	环境干净、整洁、安全，充满童趣，适宜幼儿活动
	物品	图画书、活动材料若干、PPT、视频、签字笔、记录本、消毒剂，材料齐全，且干净、无毒和无害
	幼儿	经评估，幼儿精神状态良好、情绪稳定，适合开展活动
计划	三维目标	（1）认知目标：学会遵守规则和秩序； （2）能力目标：能仔细观察图片，大胆讲述自己见到或想象的内容； （3）情感目标：认识到不可以像大卫一样调皮捣蛋，同时体会大卫妈妈的爱

续表

步骤	项目	内容
实施	活动实施	一、热身活动 "孩子们，今天老师给你们带来了一本非常有趣的图画书，在听故事前我们要先做热身操。接下来和老师一起来做热身操吧。1拍低头，2拍仰天，3拍头左歪，4拍头右歪，5、6、7拍头绕环，8、9、10拍扭扭腰！" 二、导入 "老师给你们带来了一个好朋友，名字叫大卫。让我们一起喊他的名字'大卫'，把他请出来吧！" 三、活动开始 （1）声情并茂地讲述图画书中的故事内容（在讲述时有适当的动作演示与恰当的提问，尊重幼儿的个体差异，实施因人而异的个性化指导）。 （2）老师与幼儿互动，回顾故事情节。 老师："咦！你们看看，大卫长什么样？" （椭圆的小脑袋，细长的身体，大大的嘴巴，六颗稀稀松松的尖牙齿，三角形的鼻子，一高一低的两条短眉毛） 老师："大卫正在干什么呢？" （踩在书上，脚抬起来，用手去拿）"你们发现了吗，这样拿鱼缸会不会很危险呢？""正在这时，传来一个声音，谁在喊'大卫，不可以！'"这句话可能会是谁说的？让我们一起来看看吧。" 老师："看，她是谁？""真聪明！一猜就对了，是大卫的妈妈。" 老师："大卫的妈妈做了什么动作？" （做了个双手叉腰的动作）"大卫怎么了？大卫还会做让他妈妈生气的事吗？让我们到大卫的家里去看一看吧！看大卫到底做了哪些让他妈妈生气的事情。" 老师："看，大卫在做什么？" "他站在椅子上拿东西""他拿东西的动作是怎么样的？这样做的后果会怎样？"（"摔下来"）"是啊！这个动作太危险了。见到大卫这样大卫的妈妈会对大卫说什么？"（"大卫，不可以"） 老师："今天老师要给你们讲的故事，就叫作《大卫，不可以》。那么接下来大卫还会发生什么事情呢？让我们去大卫的家里一看一看吧。" 老师："咦！大卫身上怎么了？" （大卫脏脏的，身上黑黑的，都是泥巴）"地板弄脏了谁来打扫？"（"大卫的妈妈"） "妈妈辛辛苦苦拖干净的地板被大卫弄脏了，会说什么呢。"（"天哪！大卫不可以"） 老师："我们平时不管在家还是学校都要保持地板的干净，做个讲卫生的好孩子。见到大卫这么脏，大卫的妈妈会让他去做什么？"（"洗澡"）"你猜得很对，真聪明啊！给自己鼓鼓掌！" "听听，什么声音？哗啦、哗啦，小朋友们你们猜大卫在做什么呀，让我们一起看一看吧。""大卫在一边洗澡一边玩玩具，水哗啦啦地流，流得满地都是。大卫的妈妈会对大卫说什么？" 老师："大卫做了什么让你们笑成这样啊？"（"大卫光着屁股跑出去了，哈哈没穿衣服"）"你们觉得大卫这样做好吗？" 老师："我们赶紧帮大卫的妈妈把大卫叫回来吧。" （学着大卫妈妈的声音："大卫快回来！"） 老师："大卫在做什么？头上扣着一个锅，手上还拿着勺子，敲呀敲可吵了（动作），是啊，他把自己当乐队的指挥了。大卫的妈妈看见了又会对大卫说什么？" 老师："吃饭时间到了，想不想看看大卫是怎么吃饭的。仔细看图，你看见了什么？哦，大卫在大口大口地吃饭是不是，狼吞虎咽地，大卫的妈妈看见了会对大卫说什么？" 吃完饭大卫开始观看电视，电视画面中超人正在飞。大卫的妈妈不让大卫观看电视，大卫只好失落地回到了房间，心里想超人都不睡觉自己也不睡觉。 老师："咦，你们看大卫披着被子在床上蹦跶着，你们猜，大卫把自己当成了什么呀？对啦，他把自己想象成了超人。小朋友们真棒，都知道大卫把自己当成了超人。"（大卫的妈妈看见了，对大卫说不可以。） 老师："小朋友们你们看，大卫又在做什么呀？哦，大卫起床玩了一下玩具，可是弄得满地都是。"（大卫的妈妈看见了又对大卫说不可以。） 老师："你们快看！大卫手上拿着球和球棒，在卧室里打球。"（大卫的妈妈看见了对大卫说不可以。） 老师："'砰'！你们听什么东西碎了，哦，是大卫妈妈最心爱的花瓶碎了，大卫知道自己错了，吓得躲在角落里。大卫妈妈没有责怪大卫而是对大卫说：'宝贝，乖。妈妈爱你。'" 四、结束部分 老师："小朋友们，我们的故事结束啦，故事中的大卫是个非常调皮的孩子，他妈妈总是严厉地对他说不可以。可是大卫的妈妈最后还是原谅了他，因为她非常爱大卫。平时，我们小朋友也经常会做一些调皮的事情，让妈妈很生气，但是妈妈最后还是原谅了我们，因为妈妈很爱我们！那你们爱自己的妈妈吗？所以呀，我们平时应该更懂事，更听话，千万不要做危险的事情，让妈妈担心，对吗？那么老师要布置一个小任务：回家后和自己的妈妈说一声'妈妈我爱你'好吗？"

续表

步骤	项目	内容
评价	活动评价	（1）记录课堂中每个幼儿的表现并进行评估； （2）与家长沟通幼儿表现，并进行个别指导
	整理	整理物品，安排幼儿休息

任务三　婴幼儿认知能力的发展与指导

【情境导入】

　　一位家长发现自己的宝宝（15月龄）对周围的事物充满好奇，总是喜欢去探索和发现。家长认为宝宝的探索行为值得鼓励，但非常担心宝宝在探索过程中的安全问题。

　　针对这个情境，可以引导学生思考以下问题：

　　1. 婴幼儿认知能力发展的特点是什么？

　　2. 如何为婴幼儿提供一个有利于认知能力发展的环境？

　　3. 如何在满足婴幼儿探索欲望的同时保护好他们的安全？

【任务学习】

第一节　婴幼儿认知能力发展的一般规律

　　认知能力通俗地来讲就是广义的智力，如记忆力、专注力、想象力及观察能力等。

一、婴幼儿认知能力发展的意义

　　婴幼儿的眼、耳、鼻、舌、皮肤等感觉器官为其视觉、听觉、嗅觉、味觉、触觉等功能的发展提供了生理基础。如果经常给予婴幼儿这些感觉器官适宜的刺激，那么就可以刺激婴幼儿大脑神经细胞的发育，为其将来的学习、生活奠定基础。

　　（一）认知能力是智力的基础

　　智力与一个人的感觉、知觉、学习能力有密切关系。认知能力的强弱可以反映一个人智力水平的高低。婴幼儿双手精细动作的发展是智力发展的基础，加强手的精细动作训练，可以促进认知能力的发展。

　　（二）婴幼儿认知能力的形成是大脑发育成熟的结果

　　提高婴幼儿的认知能力主要通过提高婴幼儿的感觉能力和知觉能力来实现。如用手去触摸物体、抓握物体等就是通过触觉去感知和认识事物的。婴幼儿就是在这样的感知和认识活动中，逐渐提高大脑的感觉统合能力的。

二、婴幼儿认知能力发展的特点

（一）0～12 月龄

1. 视觉发展

新生儿的视觉能力有限，只能看清近距离的物体，并且对于颜色的辨别能力也较弱。随着月龄的增大，婴儿的视觉功能逐渐发育成熟，能够越来越清晰地看见远处的物体，对颜色也更加敏感。

2. 听觉发展

婴儿在出生后不久就对声音有反应。通常情况下，6 月龄左右的婴儿能够听懂自己的名字，并会尝试模仿听到的声音。

3. 触觉发展

婴儿喜欢用手去摸、抓、捏各种物品。在这个过程中，婴儿可以逐渐了解物品的形状、大小、质地等属性。

4. 味觉和嗅觉发展

婴儿对味道也非常敏感，他们通过品尝和闻味来认识不同的食物和环境。

（二）13～24 月龄

1. 感知觉能力

此阶段幼儿的感知觉能力逐渐增强，对客观事物属性的认识能力也在不断提升。他们的感知觉发展迅速，主要依赖于视觉和触觉的分化、整合，以及本体感觉能力的提升，其精细动作水平也在不断提高。

2. 形状识别

幼儿在此阶段开始能够辨别简单的几何形状，这是他们认知能力发展过程中的一个重要进步。

3. 理解与表达

幼儿开始能够理解简单的问题，并给出正确的答案；他们还能模仿一些简单的动作和行为，如塞圆形木块进圆孔、叠放物品等。

4. 解决问题的能力

幼儿开始对各种物品的功能产生兴趣，并能够通过试错的方式来解决问题。幼儿解决问题的能力在逐步提升。

5. 情绪认知

幼儿在此阶段开始能够理解他人的情绪，能够通过手势、声音和表情来表达自己的情感，如开心、生气、沮丧等。他们开始懂得分享自己的物品，并表现出对他人的关心和照顾。

（三）25～36 月龄

1. 感知觉能力

随着幼儿与周围环境互动的增加，他们的感知觉能力逐渐增强，即对形状、颜色、声音等外部刺激的反应更加强烈。

2. 记忆力和注意力

开始能够记住更多的事物和事情，并且能够在一段时间内对某一事物保持专注，这对于其学习能力和探索能力的发展至关重要。

3. 语言理解能力和表达能力

开始能够理解和使用更复杂的词汇和句子，能够表达自己的需求和感受，并且能够听懂并执行简单的指令。

4. 想象力和创造力

开始能够想象一些不存在的事物和场景，并且能够通过绘画、手工等方式表达出来。

5. 社会认知能力

开始能够理解和模仿他人的行为，能够分辨他人的情绪并做出相应的反应，逐渐建立起与他人的社交关系。

三、认知能力发展的教育指导

（一）视觉能力发展训练

1. 看光亮

1）方法

用一块红布蒙住手电筒的发光端，将打开的手电筒置于距婴儿双眼约30厘米的地方沿水平方向和前后方向慢慢移动几次。

2）目的

吸引婴儿注视灯光，以进行视觉训练。

注意：最好隔天进行 1 次，每次1～2 分钟，不可将手电筒的光直接照射婴儿的眼睛。

2. 看玩具

1）方法

在婴儿床上方 60～70 厘米处悬挂彩色气球、彩带、玩具等，想办法吸引婴儿的目光。

2）目的

训练婴儿注视某一物体的能力。

注意：在婴儿清醒时，用鲜红色的玩具逗引婴儿，观察其有无视觉反应——眨眼。当观察到婴儿眨眼后，再慢慢地以弧形为路径移动玩具（每秒移动 7～8 厘米），让其视线随玩具移动，以促进婴儿的视觉发育。

（二）听觉能力发展训练

1. 响铃

1）方法

在婴儿头部两侧摇铃，节奏时快时慢，音量时大时小，观察其对铃声的反应（如听到铃声停止哭闹或动作减少等）。每天 2～3 次。

2）目的

检验和提高听觉能力。

注意：铃声不可过响。

2. 音乐盒或摇篮曲

1）方法

在新生儿醒着且安静的时候，开启音乐盒或播放摇篮曲，让新生儿听。可以边播放音乐边观察新生儿的反应，如是否表现出对音乐的兴趣和是否有目光的跟随等。待新生儿逐渐适应音乐后，可以尝试在播放音乐时轻轻摇晃摇篮或婴儿床，模拟子宫内的环境，使新生儿更加放松。

2）目的

通过音乐启蒙训练，培养新生儿的听觉感知能力，提高其对音乐的敏感度。同时，柔和的音乐有助于新生儿进入放松状态和睡眠状态，促进情感发展。

注意：应选择适合新生儿听的音乐，避免选择节奏过快或过慢、旋律过于复杂的音乐。

（三）触觉能力发展训练

1. 触觉试验

1）方法

轻触新生儿手心或眼睑，观察新生儿的反应。

2）目的

促进新生儿触觉能力的发展。

注意：训练物品不可太冷或太热，以免伤到新生儿。

2. 抚触按摩

1）方法

首先确保室内温度适宜，并且使新生儿处于安静且放松的状态。母亲用温暖的手掌轻轻地从新生儿的额头开始，沿着脸颊、胸部、腹部、手臂、腿部，一直到脚趾进行抚触按摩。在抚触按摩过程中，可以与新生儿进行目光交流，并用温柔的声音与其说话，如"这是妈妈的手，妈妈在这里，感觉很舒服吧！"每次抚触按摩持续 5～10 分钟，每天 2～3 次。

2）目的

通过抚触按摩，不仅可以促进新生儿的血液循环，还能刺激其触觉神经的发育，加强新生儿与父母的情感交流，并有助于新生儿进入放松状态和睡眠状态。

注意：抚触按摩的力度应适中，且应避免在新生儿哭闹或不适时进行抚触按摩。

（四）注意力发展训练

1. 找声源

1）方法

拿一个拨浪鼓，在距离婴儿前方 30 厘米处摇动。当观察到婴儿注意到拨浪鼓的响声时，对其说："宝宝，拨浪鼓在这儿。"让婴儿的眼睛盯着拨浪鼓，并鼓励其张开手抓拨浪鼓。休息片刻，在婴儿的后方摇动拨浪鼓，稍停一会儿问："拨浪鼓在哪儿？"然后将拨浪鼓慢慢地移到婴儿能看见的左右方摇动。

2）目的

训练婴儿的听觉注意力，使其能根据声音辨别物体所在方向。

注意：观察婴儿眼、口、手的动作，以及婴儿对声音发出方向的反应。

2. 奇妙的黑白图案

1）方法

将黑白图案贴在婴儿可以看见的地方（距婴儿 25～30 厘米），如墙上、婴儿床上，甚至母亲身上。每次展示的时间为 20～30 秒。由大方格到小斜方格，一天看一种，有机会就玩，次数越多越好。隔三四天再换另一种。

2）目的

训练婴儿的视觉注意力。

第二节　婴幼儿认知能力发展活动设计与指导

一、任务情景

西西在一所托幼机构上班，今年刚晋升为主班，他负责的葡萄班的儿童均在 31～36 月龄。这周教研工作会议确定的本周教学主题为认知能力发展，需要主班依此主题给在班幼儿设计并开展认知能力发展活动。

二、任务实施

作为照护者，请给葡萄班的幼儿依照教研工作会议确定的主题设计并开展活动。通过讲解感官教具粉红塔的操作开展本次活动，内容见表 4-3-1。

表 4-3-1　婴幼儿认知能力发展水平提高活动的内容

步骤	项目	内容
评估	照护者	着装整齐，适宜组织活动；普通话标准
	环境	环境干净、整洁、安全，充满童趣，适宜幼儿活动
	物品	粉红塔教具、地毯、材料干净、无毒和无害
	幼儿	经评估，幼儿精神状态良好，情绪稳定，适合开展活动
计划	三维目标	（1）认知目标：让幼儿了解递进递减的关系，感知立方体的特征； （2）能力目标：发展幼儿动作、视觉、触觉之间的协调性； （3）情感目标：让幼儿体验动手操作的乐趣和对幼儿进行数学思维的启蒙

步骤	项目	内容
实施	活动实施	一、基础操作——垂直积成塔形 （1）介绍粉红塔，并准备地毯。 （2）示范立方体的拿法。用右手拇指和食指对夹拿最小的立方体。大一点的立方体用双手搬运，即左手托住立方体的底面，右手拇指和其余4个手指对夹拿立方体的上侧边。将10个立方体散置在地毯上。 （3）老师坐在小朋友的右边。 （4）示范用立方体积高的方法。先选出最大的立方体，放在老师和小朋友之间；再请小朋友去比较其他的立方体，选出次大的，将它放到最大的立方体上。 （5）按照顺序依次积高，直至最小的立方体（积高时应看清楚，每边所留的间隔必须相等）。 （6）排完后，欣赏塔体的整体感。 （7）问小朋友："要不要试试看？"让小朋友清楚地看见塔的拆除方法——将立方体一个一个慢慢地取下来，不需要按顺序放置。 （8）从最大的立方体开始，按照顺序重新积塔。 二、延伸操作Ⅰ——改变顺序放置 完成基础操作之后可以通过改变立方体的放置位置让小朋友主动发现排法的不同。 （1）对准立方体的两面及其夹角，垂直向上积高。 （2）10个立方体呈水平的顺序摆放。 （3）斜角交叉积高。 三、延伸操作Ⅱ——间隔适当距离排列 （1）准备地毯。 （2）将10个立方体散置在地毯上。 （3）再按照顺序依次在地毯上积高。 四、延伸操作Ⅲ——位置变化 从排好的10个立方体中抽出1个，找出它原来的位置。 （1）让小朋友把10个立方体垂直积高。 （2）让小朋友闭上眼睛。 （3）老师从排好的10个立方体中慢慢地抽出1个。 （4）把抽出的立方体放在塔的旁边。 （5）让小朋友张开眼睛。 （6）老师问："这1个是从哪里抽出来的呢？"让小朋友指出正确的位置。 上述第（4）步可以改成把抽出的立方体藏起来，让小朋友找出原来的位置。这种练习难度比较大。 五、结束部分 粉红塔巧妙地运用了看得见摸得着的方式，帮助小朋友对比较复杂的空间几何体进行简化，培养了小朋友的空间想象力和推理计数能力，操作也非常简单
评价	活动评价	（1）记录课堂中每个幼儿的表现并进行评估； （2）与家长沟通幼儿表现，并进行个别指导
	整理	整理用物，安排幼儿休息

任务四　婴幼儿社会性发展与指导

【情境导入】

一位母亲发现她的宝宝（2岁）在与其他孩子一起玩耍时，经常争抢玩具，表现出攻击性行为。母亲担心这种行为会影响宝宝与其他孩子的关系，希望找到适当的方法来指导宝宝。

针对这个情境，思考以下问题：

1. 婴幼儿社会性发展的特点是什么？

2. 如何帮助宝宝理解并遵守社交规则？

3. 如何培养宝宝的合作和分享能力？

4. 如何处理宝宝的攻击性行为？

【任务学习】

第一节 婴幼儿社会性发展的特点

婴幼儿天生具有情绪反应能力，出生后不久就会表现出来，这是其适应环境的重要方式。婴幼儿越小，情绪在生活中的地位越高，这是婴幼儿情绪发展的特点。以下是不同年龄段儿童情绪发展的水平和特点。

一、0~1岁

情绪是婴儿进行人际交往的重要手段。婴儿的情绪反应，大多因他们基本的需要是否得到满足而产生。婴儿的情绪反应通常不稳定，转瞬即逝。但这些短暂、低级的情绪是培养和发展稳定、高级的情绪的基本条件。婴儿长大后的个性就是在这些情绪的基础上逐渐发展而来的。

（一）社会性微笑（出生5周左右）

社会性微笑的出现是婴儿情绪社会化的开端，是婴儿情绪发展中一件极其重要的事件。在婴儿出生后0~5周内，婴儿在睡觉或困倦时会突然微笑，这种微笑通常称为内源性微笑。约从第5周开始，婴儿可以区分人和其他非社会性刺激，对人的声音、面孔开始有特别的反应，这时社会性微笑开始出现。在5周龄到3.5月龄之间，婴儿对人的社会性微笑是不加区分的，对家人和陌生人的微笑是一样的。从3.5月龄尤其是从4月龄开始，婴儿处理刺激内容的能力不断提升，已能够分辨熟悉的脸和陌生的脸，婴儿开始对不同的人报以不同的微笑。这种有选择的社会性微笑对熟悉的人较多，对陌生人比较警惕。

（二）陌生人焦虑（4~6月龄）

陌生人焦虑是指婴儿逐渐能够区分陌生人和熟人，陌生人的出现会引起婴儿的恐惧和焦虑。3~4月龄时，婴儿见到陌生人往往会表现出一种严肃的表情，笑得比较少，但是不害怕；4~5月龄时，婴儿见到陌生人开始感到害怕；6月龄时婴儿开始明显害怕陌生人，此时不能通过"锻炼"解决害怕陌生人的问题，切勿以"锻炼"为名，强迫其与陌生人接触。如果让婴儿陷入恐惧中，那么就会破坏婴儿的安全感，在一段时间内可能会影响婴儿的进食和睡眠。

二、1~2岁

1~2岁幼儿的情绪逐渐分化并开始多样化，随着幼儿自我意识、交往能力及认知水平的提升，幼儿开始出现骄傲、羞愧、内疚和同情等情绪。

（一）自我意识开始萌芽

1岁后幼儿的自我意识开始萌芽，他们对自己有了初步的认识，能够区分自己和自己以外的事物，逐渐知道了自己的名字，并能够意识到自己的身体，开始认识自己身体的各个部分。此外，能够意识到镜子里的影像不是真的，如在镜子里看见妈妈，幼儿会转过头来朝妈妈笑。

（二）情绪日益丰富

1~2 岁幼儿的情绪更加丰富，会表现出复杂的情绪，如不安、尴尬、害羞、内疚、嫉妒和骄傲等，能够更加强烈地表达自己的意愿和情感。如当得到称赞时，他们会用微笑表达内心的快乐；当被责备时，他们会用哭泣表达内心的难过和生气。

（三）开始出现分离焦虑

1~2 岁幼儿处于依恋关系的明确期，一般都会经历一个"黏父母"的阶段，所以幼儿在与照护者（尤其是妈妈）分开后，会出现分离焦虑。这是幼儿生长发育过程中的一个正常现象。

三、2~3 岁

心理学家认为这一时期幼儿在语言表达能力上有了快速的发展，可以在一定程度上表达自己的想法，同时思维更加活跃，具备了基本的判断能力。这时的幼儿开始意识到自己是独立的，不再满足于父母的安排，更倾向于坚持自己的主张。

（一）以自我为中心

在 2~3 岁幼儿的认知中，他们往往将自身视为世界的中心，通常把自身的感受放在第一位，甚至会有过激行为，如暴力倾向。

（二）过分执拗

2~3 岁幼儿会变得特别坚持自我，对父母的建议和提醒完全不放在心上。过分执拗常常会让他们吃亏，但是他们并不会因此而有所改善，因为此时在他们的眼里坚持自我是正确的。

（三）常常焦虑不安

2~3 岁幼儿常常会表现出缺乏安全感，如父母一个不经意的举动有时会让他们变得特别焦虑，甚至崩溃大哭。这一时期幼儿十分叛逆，但是对父母的回应却又十分重视。幼儿表现出的拧巴和纠结，其实是内心焦虑的反映。

四、3~4 岁

（一）易冲动

3~4 岁儿童的控制力差，因此当其受到外界事物和情境的刺激时，情绪会爆发。

（二）易外露

3~4 岁儿童情绪控制力的发展尚未成熟，他们不会隐藏自己的情绪变化，通常是直接表达出来，如不高兴就哭、高兴就大笑或手舞足蹈、愤怒就瞪眼跺脚、有高兴的事就要向亲近的人诉说等。

（三）易感染

3～4岁儿童的情绪具有情境性，如得到新玩具、妈妈离开身边一会儿、新朋友出现等都会使他们情绪的大起大落。很多时候情绪不是孩子自身发出的，而是由周围人的情绪波动引起的。

五、4～5岁

（一）移情能力迅速发展

4～5岁儿童已经具有较强的移情能力，能将自己置身于他人处境，设身处地地为他人着想，接受他人的情感。如当看见一个同伴因失去一个有趣的玩具而悲伤时，他会想，如果自己失去了这样的玩具肯定也会悲伤。这时的悲伤是自我中心的移情，将同伴的情境移到自己身上。同时他也会想到，他是我的同伴，他悲伤，我也悲伤，所以应该帮助和安慰他。此外，由于语言的发展，4～5岁儿童学会了更多表达情绪的词语，如高兴、害怕、难受、生气、喜欢、恨、爱、讨厌等，他们经常利用这些情绪词语描述自己和他人的情绪，他们也能用各种情绪性语言去安抚他人或影响他人。

（二）情绪理解依存于社会知识

4～5岁是儿童情绪理解能力发展的关键期。这一时期的孩子更倾向于根据已经具有的社会知识对他人的情绪做出刻板的推测及相应的行为反应。他们已经能够运用社会行为规范初步评价自己的行为，还能在成人的帮助下调控自己的行为。这一时期儿童的自制能力开始形成，已有初步的责任感，能够关心他人的情感反应，关心同伴，人际关系向与同龄人建立关系过渡，能与同龄人友好合作。但是这一时期的孩子在认知和情感上都还是以自我为中心，容易用自己的想法去推测他人的情绪，在认识他人情绪等方面的能力较弱。

（三）理解信念和情绪的关系

4～5岁儿童开始能够理解和信念有关的情绪，具体表现为能够正确判断情绪产生的原因，如"晓晓很高兴，因为今天是她的生日，她妈妈给她买了生日蛋糕""军军哭了，因为他摔了一跤"，这些原因往往是可以觉察到的外部事件。他们也能认识到，由于人的情绪不同，可能会产生不同的行为表现，如一个生气的人可能会推搡他人，而一个高兴的人则会对他人十分友善。这一时期儿童的情绪理解能力已经发展到了一个更高的阶段，他们开始能解释、预测、影响别人的情绪，这使他们能和小伙伴、成人积极交往，友好相处。他们还能够区分情绪的外显行为和内心的真实感受，也就是他们已经具备了一定程度的情绪伪装能力。

（四）情绪理解具有单中心性

4～5岁儿童对他人情绪的理解还很有限，往往是根据他人的面部表情、外部行为来认知他人情绪的，对于成人的一些复杂的内心想法和表面上相互矛盾的情绪线索则难以理解，他们往往只注意一种突出的情绪表现，表现出单中心性的特点。

六、5~6岁

（一）道德感

5~6岁儿童已有简单的道德感。他们在与成人的交往中，初步接触到社会人群对人和事物好坏美丑的评价。这一时期儿童的道德感就是在各种实践活动中，在成人的评价和语言强化中发展而来的。他们逐渐知道哪些行为会产生满意的体验，哪些行为会产生不满意的和不愉快的体验。他们开始按照社会行为标准认识好坏美丑，逐步养成了初步的道德行为习惯。

照护者应该多教给5~6岁儿童一些基本的社会准则，同时应该用夸奖来巩固他们的利他行为。

（二）审美感

5~6岁儿童在成人对周围事物的态度和言语的直接影响下，能直接感知与自己生活关系紧密的事物。他们的审美意识就是从感知这些事物鲜艳的颜色、新颖的形状、对称的图案开始萌芽的。

照护者应多让5~6岁儿童用自己的眼睛看美丽的世界，这样他们对美好事物的感觉会更加敏锐。

（三）情绪调节策略的应用

5~6岁儿童已经学会使用一些简单的策略来掩饰自己的情绪，如在做了照护者禁止他们做的事情后，为了逃避惩罚，他们会撒谎，但是策略过于简单，很容易被照护者发现。此时的照护者，应该仔细观察他们的情绪变化，鼓励他们说出心里真正的想法，然后告诉他们正确的情绪应对方法，这样他们的应对策略才会更加有效。

第二节　尊重与回应性照护婴幼儿的情绪

婴幼儿的情绪易外露且不稳定，并且还不能很好地识别与控制情绪，在自己的需求不被满足或遇到挫折时，只能以"哭"这种最直接的方式来表达自己的情绪。这种不良情绪的不断出现势必对婴幼儿的身心发展造成不利影响。

当婴幼儿情绪激烈时，照护者应该接受婴幼儿的最初反应，并帮助他们控制自己的行为。

当婴幼儿出现积极的情绪时，照护者应该对婴幼儿的表现给予正向反馈。

当婴幼儿出现攻击性行为时，照护者可以通过带着婴幼儿画画、玩黏土、去户外跑跳或大叫等方式分散其注意力。照护者还可以通过描述观察到的情景对婴幼儿正在经历的情绪给予正向反馈。

因此只有科学地应对婴幼儿的情绪变化，才可以帮助婴幼儿建立健康的情绪调节能力。

一、喜欢说"不"的青青

【案例】

青青已经学会爬、走和说话，不再只用笑和哭来表达自己。1岁后青青的语言表达能力更强了，可青青的妈妈发现，原来听话的青青，现在总喜欢说"不"。

幼儿也有叛逆期吗？这一时期的幼儿该如何与其沟通，才能让其养成良好的行为习惯？

幼儿喜欢说"不"，不是叛逆，也不是固执，而是他们正在探索自我、尝试独立的一个标志。这个年龄段的幼儿，对世界充满了好奇，却又对未知感到不安。他们通过说"不"来表达自己的意愿，展现自己的个性。这是他们成长的必经之路，是他们走向成熟的一个重要阶段。照护者应该学会理解这个年龄段的幼儿，尊重他们的选择，引导他们健康成长。

（一）正确解读对抗情绪

1岁后幼儿的对抗情绪，表明他们已经明白他人的决定并不是不可以更改的。最初，他们只知道以对抗情绪来拒绝他人的要求，如通过行为和语言表示拒绝。随着成长，他们会跨过这一步，找到正确的方式来表达自己的意愿，满足自己的情绪需求。

（二）对抗情绪的表现形式

不会说话的婴幼儿大多通过肢体语言来表示拒绝，如用手推开汤勺或扭头拒绝送到嘴边的食物。随着语言能力的发展，幼儿发现说"不"能够轻松拒绝任何指令和建议，因此"不"成了他们的口头禅。这是幼儿消极对抗情绪发展和语言能力发展的主要标志。

（三）了解对抗情绪产生的原因

婴幼儿的对抗情绪大多是因为他们的需求和意愿未能得到满足，如期望玩的玩具拿不到，期望塞进孔里的积木塞不进去等，所以他们只能用哭闹的方式来表达愤怒和沮丧。随后，再以对抗的方式将这些情绪发泄出来。

1.产生自我意识

幼儿在1.5岁左右开始萌发自我意识，他们知道自己是独立存在的个体，渴望表达自我，所以开始用否定家长的方式来证明自己的存在。

2. 引起关注

1.5岁左右的幼儿会发现，说"不"能够让家长做出让步，因此他们便通过频繁说"不"来表达自我，希望自己被关注。

3. 主权意识的萌发

1.5岁左右的幼儿开始萌发主权意识，会拒绝他人碰自己的物品。此外在日常生活中他们希望自己的事情自己做以证明自己是独立存在的，所以常常会因为电梯不是自己按的而哭闹，鞋子也必须自己穿等。

（四）正确应对对抗情绪

1. 接纳和理解

父母首先应该学会接纳和理解孩子的对抗情绪。父母只有主动去了解孩子产生对抗情绪的原因，接纳孩子的对抗情绪并进行安抚，才能让孩子顺利度过反抗期。

2. 改变沟通方式

处于反抗期的孩子很容易养成说"不"的习惯，父母可以通过改变与孩子的沟通方式来应对：第一种方式是用行动代替沟通；第二种方式是给他们两种选择，让孩子感受到他们拥有自主的权利。

3. 温柔而坚定的态度

在婴幼儿的反抗期，当孩子以"不"表示拒绝时，父母切勿轻易动怒。如果事情并不涉及一些原则问题，或者并不会对孩子造成伤害，那么家长就应尽量尊重他们的意愿，让他们在规定的范围内做出选择。

二、帮助丁丁缓解分离焦虑

【案例】

丁丁是一个活泼可爱的 19 月龄女孩，平时主要由她的妈妈照顾。最近，丁丁的妈妈重返职场，这让丁丁出现了明显的分离焦虑症状。

分离焦虑期是婴幼儿情感发展过程中的正常阶段，因为婴幼儿在此阶段开始建立对主要照护者的依赖关系，并对离开照护者感到恐惧。接受婴幼儿的分离焦虑是理解和支持他们情感发展的关键。照护者可以通过帮助婴幼儿建立稳定的安全感，逐步引导他们适应分离，以及通过给他们提供情感上的支持和安慰来帮助他们逐渐克服这种焦虑情绪。同时，也应该尊重孩子的感受，应该给予他们足够的时间和空间来逐渐适应分离。

（一）表现

（1）依赖。幼儿非常依赖妈妈，会经常紧紧抓住妈妈的手或衣角，不愿意让妈妈离开。

（2）抗拒。当妈妈尝试离开时，幼儿可能会哭闹、尖叫或踢打妈妈，以表达对妈妈的不满。

（3）恐惧。幼儿对妈妈离开房间或去上班有恐惧反应，会紧紧抱住妈妈不放，或者寻找其他安慰物品，如喜欢的玩具或毯子等。

（4）自我安慰。幼儿在妈妈离开后可能会通过吮吸手指、抱喜欢的玩具或毯子等来自我安慰。这些行为有助于幼儿缓解分离焦虑。

（5）夜惊或夜啼。幼儿的分离焦虑也可能会导致其出现夜惊或夜啼等情况，尤其在妈妈晚上加班或晚归时更为明显。

（二）应对策略

（1）建立安全感。在幼儿早期的成长阶段，父母应尽可能多地陪伴幼儿，并给予他们足够的关爱以帮助他们建立安全感。

（2）逐渐练习分离。通过逐渐增加分离的时间和距离，让幼儿慢慢适应父母的分离。

（3）正面强化。对于幼儿的良好行为和进步，应该给予正面强化和奖励，这样可以帮助他们建立自信心。

（4）设定清晰的界限。给幼儿设定清晰的界限，让他们知道父母离开的原因和回来的时间。这有助于减少幼儿对不确定性的焦虑。

（5）保持一致性。在与幼儿分离的过程中，保持一致性是非常重要的。父母需要尽量保持日常生活的规律性和一致性，以帮助幼儿建立安全感。

（6）理解和接纳幼儿的情绪。当幼儿焦虑、恐惧或哭泣时，父母应该理解和接纳幼儿的情绪。这可以帮助幼儿更好地处理自己的情绪，并与父母建立更亲密的关系。

（7）寻求支持。如果幼儿的分离焦虑问题持续存在并严重影响其日常生活，父母可以寻求儿童心理医生的帮助，从专业的角度指导幼儿更好地应对分离焦虑。

三、正确处理豆豆的打人行为

【案例】

豆豆1.5岁多，最近豆豆妈妈发现豆豆总是挥着小手想打同玩的小朋友。豆豆妈妈很担忧，不知道怎么应对。

在幼儿的成长过程中，打人行为是一种常见的社交问题。对于19～24月龄的幼儿来说，他们可能还没有完全掌握语言沟通技巧，因此打人行为可能是他们表达情绪或需求的一种方式。

（一）第一反抗期

19～24月龄幼儿正处于人生的第一个反抗期，他们已经开始有了自己的想法，但还没有掌握足够的语言表达技巧和情绪控制技巧。因此，当他们感到不满或不安时，可能会用打人来表达情绪。

此外，第一反抗期的出现还与这一时期幼儿活泼好动、喜欢探索、喜欢模仿，以及好奇心较强等有关。父母为了保障幼儿的安全，会对幼儿的探索、模仿等行为加以限制，这些限制往往会遭到幼儿的反抗。

（二）第一反抗期的特征和表现

1. 拒绝服从

在这一时期，幼儿开始表现出对成人指令的拒绝，如拒绝进食、睡觉和洗澡等。

2. 自主性增强

幼儿渴望拥有更多的自主权，他们期望自己的事情由自己做决定，如选择玩具、衣服或食物。这表现为他们期望更多地掌控自己的生活。

3. 情绪波动

这一时期幼儿的情绪波动较大，他们可能会通过哭闹、发脾气等来表达自己的不满。

4. 探索欲望

这一时期的幼儿开始表现出强烈的好奇心和探索欲望，他们期望通过触摸、尝试新事物、探索周围环境等了解自己身边的世界。

5. 对抗行为

这一时期的幼儿可能会挑战成人的权威，试图测试界限和规则。主要表现为不服从、违背规则、用动作反抗等。

（三）原因分析

1. 表达情绪

19～24 月龄幼儿喜欢打人可能是因为他们无法用语言准确表达自己的情绪或需求，如当他们感到生气或不满时，可能不知道如何用语言表达，于是选择用打人来表达。

2. 模仿行为

幼儿在这个年龄段喜欢模仿周围的人和事物。如果他们见过成人或其他孩子打人，就可能会模仿这种行为。

3. 吸引注意

有些幼儿可能因为感到孤独或需要关注而通过打人来吸引他人的注意。

4. 自我防卫

当幼儿感觉受到威胁时，他们可能会通过打人来保护自己。

（四）解决对策

1. 理解幼儿的需求

当幼儿打人时，父母应该先冷静下来，理解幼儿的需求和情绪。尝试与幼儿沟通，询问他们有什么不满意或需要帮助的地方。

2. 正面强化

鼓励幼儿用语言或亲吻等方式表达爱和关心。当幼儿用良好的方式表达情绪时，应及时给予表扬和鼓励。

3. 设定界限

明确告诉幼儿打人是不被接受的行为。设定一些规则和界限，让他们明白哪些行为是对的，哪些是错的。

4. 给予关注

给予幼儿足够的关注和陪伴，避免他们因为孤独或需要关注而产生打人行为。

5. 寻求专业帮助

如果幼儿的打人行为长时间没有明显改善，父母可以寻求儿童心理医生的帮助，从专业的角度指导幼儿更好地控制情绪和行为。

四、正确处理赫赫的"破坏"行为

【案例】

赫赫的妈妈很苦恼，刚给赫赫买了个电动挖掘机，可没玩两天就被赫赫拆成了一堆零件；洋娃娃本来穿着漂亮的裙子，赫赫却把洋娃娃的裙子给脱了，就连洋娃娃的胳膊也给拧下来了……

幼儿的好奇心和探索欲望常常表现为各种看似"破坏"的行为，如乱扔玩具、乱涂乱画、拆解家中的小物件等。这些行为虽然让父母头疼不已，实则反映了幼儿对世界的探索欲望和他们的创造力。理解并正确引导幼儿的"破坏"行为，不仅有助于培养他们的想象力和创造力，还能为他们的成长奠定坚实的基础。

（一）"破坏"行为发生的原因

1. 好奇心

幼儿把自己感兴趣的小物件拆开，是他们爱学习和爱探索的一种表现，他们不是故意"破坏"，而是因为兴趣，想通过自己的双手去寻找答案。

2. 表达不满

当幼儿感到不满或愤怒时，他们可能会用"破坏"来表达自己的情绪，如当幼儿无法得到期望的玩具或食物时，他们可能会通过摔或"破坏"周围的物品来发泄自己的不满情绪。

3. 吸引注意

有些幼儿可能因为感到孤独或需要关注，所以选择通过"破坏"行为吸引他人的注意。

4. 缺乏技能

由于精细动作和社交技巧尚未发展完全，幼儿可能会在尝试模仿某些行为时造成"破坏"。

（二）"破坏"行为的预防对策

1. 宽容

"破坏"的过程其实也是幼儿学习的过程。切勿严厉批评幼儿的"破坏"行为，否则很可能会扼杀他们可贵的探索精神。

2. 鼓励和参与

鼓励幼儿适当地"破坏"，就是在培养他们的创造力和对事物探索的兴趣。所以，当父母看见幼儿把机器人拆了时，应该参与到他们的活动中，最好与他们一起把拆开的玩具恢复原样。这样才能让幼儿在"破坏"→探究→重建中获得心理满足。

同时父母还应该有意识地多提些问题引导幼儿去思考并主动带领幼儿从"破坏"中寻找问题的答案。

3. 设定界限

明确告诉幼儿哪些行为是可以接受的，哪些是不可以接受的，如规定幼儿不能摔物品或"破坏"他人物品。

4. 提供替代行为

当幼儿表现出"破坏"行为时，父母可以为其提供一些替代行为，如让他们用积木搭建一座城堡，或者让他们帮忙整理玩具等。这些替代行为可以帮助幼儿释放能量和发挥创造力。

5. 培养社交技巧

教会幼儿与其他幼儿分享玩具和食物，以及教会他们轮流和等待等社交技巧。这可以帮助幼儿更好地融入社交环境，减少冲突和"破坏"行为的发生。

第三节　婴幼儿社会性发展活动设计与指导

一、任务情景

西西在一所托幼机构上班，今年刚晋升为主班，他负责的葡萄班的幼儿均在 31～36 月龄。这周教研工作会议确定的本周教学主题为社会性发展，需要主班依此主题给在班幼儿设计并开展社会性发展活动。

二、任务实施

通过带领小朋友玩夹夹乐、拨珠、拼拼乐等游戏开展本次活动，内容见表 4-4-1。

表 4-4-1　婴幼儿社会性发展水平提高活动的内容

步骤	项目	内容
评估	照护者	着装整齐，适宜组织活动；普通话标准
	环境	环境干净、整洁、安全，充满童趣，适宜幼儿活动
	物品	粉红塔教具小绒球、彩色豆、夹子、图画书、地垫等，材料齐全、干净、无毒和无害
	幼儿	经评估，幼儿精神状态良好、情绪稳定，适合开展活动
计划	三维目标	（1）认知目标：引导幼儿、家长尽快适应环境，进入活动状态； （2）能力目标：增强幼儿自我认识的意识，促进幼儿的社会性发展； （3）情感目标：体验交朋友的乐趣
实施	活动实施	一、热身活动 家长和小朋友听着音乐进场，跟随老师走一走，抖一抖，转个圈。 二、点名：小绒球找朋友 家长带小朋友围成圆圈坐好，老师将小绒球逐一滚给小朋友，家长引导小朋友用"你好，我是***"与大家打招呼。 温馨提示：对于胆小、怕生的小朋友，家长应该用亲切的语言鼓励小朋友站起来并举手示意。在日常生活中，当小朋友见到熟悉的人或同龄小伙伴时，可鼓励小朋友用多种方式与人打招呼。 三、复习手指游戏 一条小虫爬爬爬（模仿毛毛虫爬的动作）； 两只小兔跳跳跳（模仿小兔跳的动作）； 三只小猫喵喵喵（模仿小猫叫的动作）； 四只乌龟爬爬爬（匍匐在地上慢慢爬）； 五个小朋友拍拍手（两手在胸前做拍手动作）。 四、活动过程 （1）区分红豆、黄豆和绿豆。 温馨提示：家长在小朋友玩游戏时，应该重在观察与指导，引导小朋友练习两指捏的动作。 （2）玩操作游戏：夹夹乐。 （3）玩感知游戏：拨珠。 （4）玩智力游戏：拼拼乐和看图画书。 温馨提示：在活动中，家长应给小朋友充分探索和操作的时间，不应急于帮助小朋友操作，或者告知答案；当小朋友说对或做对时，家长应及时给予表扬。 五、结束部分 唱"再见歌"结束活动
评价	活动评价	（1）记录课堂中每个幼儿的表现并进行评估； （2）与家长沟通幼儿表现，并进行个别指导
	整理	整理物品，安排幼儿休息

任务五　其他活动设计与指导

【情境导入】

广东省人口家庭协会"向日葵亲子小屋"白沙街道雅怡社区项目点于 2023 年 5 月 7 日启用。该项目自启用以来，共举办了 5 期亲子课堂公益活动，先后有 50 个家庭参与了该活动。在该活动中，很多孩子都有让家长"看得到"的突破，如从不敢穿过彩虹隧道到乐此不疲地来回穿梭，从默不作声地听课到主动参与课堂互动等。孩子们的突破不仅让家长感到欣喜，也让亲子活动指导员们感到高兴。孩子们的改变既是对亲子活动指导员们付出的肯定，也是"向日葵亲子小屋"项目的意义所在。亲子活动指导员们在课外与家长建立了良好的合作关系，让家长们切实感受到自己被关注、被理解，也让每个参与活动的家庭都能够有所收获。

【任务学习】

亲子活动是根据教育对象的成长特点和需要，在专业人员的指导下进行的由幼儿及其家长共同参与的一项具有指导性、互动性的活动。亲子活动是普及科学早教理念和方法及促进幼儿主动发展的重要方式，是家长学习科学育儿知识的重要课程。

第一节　亲子活动的设计与指导

一、亲子活动设计的原则

（一）适宜性

亲子活动的组织者应根据孩子的年龄和能力发展水平来确定活动目标。活动目标应该高于孩子当前的实际能力发展水平，但不能高于孩子通过努力可以达到的水平。同时应该考虑孩子之间的个体差异，并且具有一定的指导性和可操作性。

亲子活动的设计与指导

（二）适度性

在选择亲子活动的内容时，应考虑孩子的年龄和学习能力，应科学、适度。活动应动静交替，并在集体活动中穿插自由放松的活动。活动的时间不宜过长或过短，以免过度疲劳或运动量不足。此外，活动内容不应过于简单或单调，而应丰富多彩，以保证活动的多样性和提高活动的吸引力。

（三）互动性

亲子活动应注重家长和孩子之间的有效互动，以及孩子之间和家长之间的互动。这可以通过多种形式来实现，如角色扮演、小组讨论等。

（四）指导性

专业的亲子活动指导人员应该有目的和有计划地为家长提供科学的育儿指导和建议。这些指导不仅应该满足大多数家长的需求，还应该考虑个别家长的具体需求，并通过活动中的具体指导来帮助家长提高科学育儿的水平。

（五）灵活性

在设计亲子活动时，应该将场地、时间和其他参与者的情况等因素考虑周全，以便活动能够顺利进行并适应实际情况的变化。

（六）开放性

亲子活动不应该试图解决所有幼儿能力发展的问题，也不应该完全替代家庭教育，它是一个补充，旨在通过有趣的活动来增强家庭教育的效果。

二、亲子活动的形式及指导方法

亲子活动的形式可以根据不同的内容来确定。从组织形式上可以分为集体活动、小组活动、个别活动。三种形式可以相互结合、灵活使用。当参与对象年龄不同时，更应分组开展活动。由于亲子活动的对象基本是 3 岁前的幼儿及其家长，而指导的主要对象是家长，所以，在活动时间、活动形式、指导方式等方面应该与幼儿园的活动有明显区别。

（一）活动开始

1. 介绍活动

应该用简洁的语言向参加活动的家长说明活动的主要内容，并对他们提出具体的要求。

2. 吸引注意

组织者可以利用事先准备好的材料或身边的环境吸引孩子及其家长，也可以通过点名、玩简单游戏、进行简短的谈话、播放动听的音乐等方式吸引大家，目的是使大家进入活动状态。

（二）活动进行

1. 明确形式

开展活动时，应向家长交代活动的要求。活动可以是面向集体的，也可以是分成小组进行的或单独进行的。

2. 有序组织

组织者应引导家长观察孩子的活动过程，避免包办代替和急躁；引导家长鼓励孩子完成任务，尊重孩子的差异，体验指导孩子学习的过程和方法。

注意：一般情况下，活动内容不应该安排太多，运动量大和运动量小的活动应该穿插进行。由于孩子年龄小，活动期间应该给予他们适当的放松和休息时间，可以安排一些喝水、小便、自由活动的环节。

3. 尊重个体

让参与者有自主选择活动的机会。每次活动都应该留有自由活动的时间，并为孩子提供一些图书和玩具等。每次活动都要求家长和孩子一起收放图书和玩具等，这也是家庭教育的重要环节。

（三）活动结束

组织者不仅要总结活动当天的情况，还要对家长提出回家后的要求，以使亲子活动的指导向家庭延伸和使亲子活动的目标更好地实现。

三、亲子活动设计的步骤

（一）确定活动目标

亲子活动目标的确定应该遵循以下 3 个原则。

（1）遵循幼儿身心发展的特点及规律，既要符合幼儿现有的发展水平，又要符合未来的发展规律。

（2）活动目标的内容与要求应该与幼儿的年龄相匹配，避免因目标设置不当影响幼儿发展。

（3）活动目标应该从幼儿及家长两个角度进行设置，并涵盖认知目标、能力目标、情感目标三维目标。

例如，亲子活动"摸一摸"的目标定位如下。

（1）面向幼儿的活动目标可以定位为：初步感知自己触摸的物体，发展语言能力与触觉能力，体验亲子游戏的快乐。

（2）面向家长的指导目标可以定位为：善于运用游戏的方式和幼儿一起玩；在游戏的过程中多鼓励和表扬幼儿的行为，帮助幼儿树立信心。

（二）选择活动内容

选择活动内容需要注意以下 3 点。

（1）根据活动目标选择活动内容。

（2）根据幼儿身心发展特点与规律选择内容。

（3）选择内容时，应该了解幼儿的已有经验，尽量贴近幼儿的实际生活，如穿衣服和袜子，以及扣纽扣等。

（三）策划活动流程

组织者在整个活动的实施过程中需要注意以下 3 点。

（1）应该根据亲子活动目标及内容的需要，选择适宜的室内或室外环境，并进行安全检查。

（2）活动准备包括幼儿的已有知识准备、家长的已有知识准备，以及活动物品如玩具、教具、多媒体、音乐等的准备。

（3）选择恰当的活动形式。活动形式包括集体活动、小组活动和个别活动等，也可以多种活动形式融合使用。

（四）拟定活动方案

亲子活动方案包括活动名称、活动目标、活动准备、活动指引、活动过程、活动延伸等内容。

第二节 区域活动的设计与指导

儿童心理学家皮亚杰说过："儿童的认知发展是在其不断地与环境的交互作用中获得的。"这说明儿童的身心发展是个体与环境相互作用的结果。因此环境的创设不仅能辅助幼儿的学习与发展，还能激发幼儿的潜能。

区域活动的设计与指导

一、有准备的环境

意大利著名的教育家蒙台梭利强调，照护者应该为幼儿提供"有准备的环境"。"有准备的环境"包括自由的观念、结构和秩序、真实与自然、美感与气氛及社会性的发展等，其中就包含了物质环境及心理环境的创设。

"有准备的环境"实则是符合幼儿需要的真实环境，能够为幼儿提供利于其身心发展的环境，是一个充满自由和爱的快乐的环境。活动室区域环境的创设可以促进幼儿的社会性发展，让幼儿在区域环境中学会照顾环境、照顾他人，让幼儿成为环境的主人。因此在托育机构中，活动室区域环境的创设尤为重要。

二、托育机构的环境创设

在设计活动室区域时，应围绕生活区、阅读区、感官区、科学区、艺术区和社会区等6个区域进行设计，也可以根据幼儿的实际情况增加一些区域。这6个主要区域的划分及其设计要点如下所述。

（一）生活区及其设计要点

蒙台梭利认为生活区是整个区域环境的"心脏区"，因此该区的设计应该满足幼儿日常生活与精细动作发展两项功能要求。该区面积应该较大，并且应处于便利位置。

（二）阅读区及其设计要点

阅读区应设置在离门较远、安静且光线充足的位置。其设计应该满足培养幼儿阅读习惯的功能要求。

（三）感官区及其设计要点

感官区同样应设置在比较安静的位置，因此可与阅读区相邻。其设计应该满足幼儿五感发育的功能要求。

（四）科学区及其设计要点

科学区因涉及幼儿对绿植的观察，可设置在生活区周边。其设计应该满足培养幼儿对科学的兴趣的功能要求。

（五）艺术区及其设计要点

艺术区是用于对幼儿进行美术教育和音乐教育的场地，因此可以设置在靠门的位置。其设计应该满足有利于发展幼儿的创造力和想象力的功能要求。

（六）社会区及其设计要点

社会区包括室内和室外两个区域。社会区应该是最有利于幼儿社会性发展的一个区域，因此社会区应设置在活动室的中心位置，便于幼儿之间的交往。其设计应该满足促进幼儿社会性发展的功能要求。

三、不同区域的材料投放

不同的区域承载不同的功能，可以促进幼儿不同方面的发展。为了使每个区域真正发挥其功能，还需要注意每个区域的材料投放。

下面以生活区材料投放为例，讲述投放材料时的注意事项。

（1）在布置生活区时老师需要根据幼儿的身高、年龄来选择合适的教具。

（2）为了激发幼儿的学习兴趣，教具的颜色、形状和材料等需要老师精心挑选。

（3）在生活区需要经常对幼儿进行生活自理能力的训练，如洗手、穿脱衣服和鞋袜、自主进食等，因此在生活区可以准备小围裙、肥皂、练习用的衣物等，还需要准备用于手部训练的勺子、筷子，以及适合幼儿的碗、桌子和椅子等。

除了生活区，其余 5 个区域同样需要投放材料，同学们可以围绕各区域的功能进行归纳与整理。更重要的是除了物质环境的创设，还要创设一个充满爱、包容、理解、尊重和支持的心理环境，以便让幼儿在安全、舒适的环境中健康成长。

课后小故事

"早餐奶奶"毛师花

她 27 年早餐不涨价，每份只卖 0.5 元，只为让上学的孩子们能吃饱；遇到家庭困难的孩子，甚至免费；别人做生意是为了赚钱，她不但不赚钱还需要用自己的退休金补贴，她就是"早餐奶奶"毛师花。

从 1991 年开始，为了让山区赶路上学的孩子们吃上热乎的早餐，她每天早起做早点。她做的粽子、鸡蛋、油饼和豆浆每份都是 0.5 元。虽然价格便宜，但是她对食材的要求却很高，如豆浆都是自己磨的，糯米粉也都是自己锤的。她的每步操作都很细心，食材的馅料也都很足。毛奶奶的一天从凌晨 1 点开始，生煤炉、调制馅料、蒸粽子，一直忙到清晨 5 点左右。随后又匆匆赶往摊位，她担心从山里走来的孩子们会饿着去上学。清晨 5 点出摊，早晨 8 点收摊。她说那 3 个小时是她一天中最快乐的时光。

27 年来她骑坏了 6 辆三轮车，换了 60 多个煤炉，每天只睡五六个小时。她似乎没有以卖早点为营生，更像是为自家孩子做早餐。遇到家境不好的孩子，她不收费；遇到好心人多给钱，她也坚决不收。

她的善良换来了孩子们的厚爱，他们亲切地称呼她为"早餐奶奶"。

2023 年 12 月 18 日，"早餐奶奶"毛师花与世长辞，享年 90 岁。

【实训卡片】

西西在一所托幼机构上班，今年刚晋升为主班，他负责的葡萄班的幼儿均在 19～25 月龄。这周教研工作会议确定的本周教学主题为亲子活动，需要主班依此主题给在班幼儿设计并开展亲子活动。

实训任务：作为照护者，请给葡萄班的幼儿依照教研工作会议确定的教学主题设计并开展亲子活动，具体内容见表 4-5-1。

表 4-5-1　亲子活动设计与实施表

步骤	项目	内容
评估	照护者	着装整齐，适宜组织活动；普通话标准
	环境	环境干净、整洁、安全，充满童趣，适宜幼儿活动
	物品	_____，材料齐全、干净、无毒和无害
	幼儿	经评估，幼儿精神状态良好、情绪稳定，适合开展活动
计划	三维目标	（1）认知目标： （2）能力目标： （3）情感目标：
实施	活动实施	一、活动导入 二、活动过程 三、结束部分
评价	活动评价	（1）记录课堂中每个幼儿的表现并进行评价； （2）与家长沟通幼儿表现，并进行个别指导
	整理	整理物品，安排幼儿休息

【跟踪练习】

1. 在婴幼儿早期发展阶段，以下哪项活动最有助于促进孩子的精细动作发展？
A. 听音乐
B. 爬行训练
C. 抓握玩具
D. 阅读故事

2. 对于婴幼儿的语言发展，以下哪种做法最为有效？
A. 延迟回应孩子的需求
B. 使用复杂词汇和长句与孩子交流
C. 重复孩子发出的声音和词汇
D. 限制孩子的说话时间

3. 在婴幼儿情感发展中，哪项表现通常意味着孩子正在形成自我认知？
A. 频繁哭闹
B. 喜欢模仿他人
C. 对镜子中的自己感兴趣
D. 拒绝与他人分享

4. 以下哪项是婴幼儿早期教育中不建议的做法？
A. 提供丰富的玩具和游戏材料
B. 鼓励孩子自由探索和发现
C. 频繁打断孩子的游戏和活动
D. 定期与孩子一起进行亲子阅读

5. 在婴幼儿早期发展阶段，促进社交能力发展的关键因素是什么？

A. 提供大量玩具供孩子独自玩耍

B. 鼓励孩子长时间观看电视或平板电脑

C. 经常带孩子参加集体活动，与同龄伙伴互动

D. 限制孩子与其他家庭成员的交流，以培养独立性

答案：C，C，C，C，C。

【项目小结】

本项目系统地介绍了婴幼儿身心发展的特点与规律，重点阐述了科学、系统的婴幼儿早期发展指导方法与技巧。学生们通过学习，可以掌握婴幼儿早期教育的核心理念，学会制订个性化的家庭教育指导计划，以及学会与家长建立良好的合作关系，以共同促进婴幼儿的发展，并且可以为未来从事婴幼儿早期教育工作奠定坚实的基础。

项目五　婴幼儿家托共育指导

家托共育概述

【课前预习】

　　扫码观看视频，了解家托共育的内涵，思考作为照护者，应该具备哪些能力才能胜任家托共育的指导工作。

【知识导航】

婴幼儿家托共育指导
- 家托共育概述
  - 家托共育的意义和内容
  - 家托共育的典型案例
- 家托共育指导方案设计及实施
  - 芳芳大动作发育训练的综合指导方案设计及实施
  - 西西口欲期训练的综合指导方案设计及实施
  - 可可的科学养育综合指导方案设计及实施
  - 东东前庭觉失调训练的综合指导方案设计及实施

【素质目标】

　　（1）树立家庭与托幼机构共同育儿的理念，促进双方合作；
　　（2）培养家托共育的意识，提高家庭教育质量。

【学习目标】

　　（1）了解家庭与托幼机构在婴幼儿成长中的角色与责任；
　　（2）掌握家托共育的基本知识和方法；
　　（3）熟悉家托共育沟通的技巧和策略。

【技能目标】

　　（1）能够根据家庭需求提供个性化的家庭教育指导；
　　（2）能够有效处理并解决家托共育过程中的矛盾和问题；
　　（3）具备良好的沟通和组织能力，能够组织和管理家托共育活动。

任务一　家托共育概述

【情境导入】

海南省大力推进 3 岁以下婴幼儿托育服务体系建设

海南省政府高度重视 0~3 岁婴幼儿的托育服务，出台了多项政策措施推进托育服务体系建设。通过公建民营、民办公助等形式，鼓励和引导社会力量兴办普惠托育机构，加快构建普惠安全的托育服务体系。目前，海南省已有 1290 多家招收 3 岁以下婴幼儿的机构。海南省政府还计划加大普惠托位供给，鼓励现有的资源过剩的幼儿园利用闲置教室开办托育班，提议社区盘活现有场地和国有房屋资源建设公建民营社区托育机构。

此报道反映了海南省在推进 0~3 岁婴幼儿托育服务体系建设方面的积极态度和采取的有力措施，可以为其他地区的婴幼儿托育服务体系建设提供借鉴和参考。

【任务学习】

第一节　家托共育的意义和内容

家园共育是幼儿园工作的核心组成部分，强调家庭与幼儿园之间的合作，以便共同促进幼儿的全面发展。同样地，家托共育作为托幼机构工作的重要一环，也注重家庭与托幼机构之间的合作，以确保婴幼儿在托育环境中得到妥善照护。家园共育和家托共育的共同之处在于二者都希望通过家庭与教育机构之间的合作，共同为婴幼儿的成长创造良好的环境和条件。

一、家托共育的意义

家托共育是指家长与托幼机构老师，通过沟通、合作及资源共享，共同实施婴幼儿的抚养和教育，是一种新型的育儿模式。家托共育既可以为婴幼儿的健康快乐成长营造良好的教育环境，也可以促进婴幼儿、家长和老师三个群体的共同成长。

中国现代幼儿教育的奠基人陈鹤琴先生在融合中西方文化及实践的基础上，建构了中国化家园共育的思想。他认为，幼儿教育是一个系统工程，其中包含了家庭教育、社会教育和集体教育（托幼机构、学校），三者相互关联并有机结合，相互影响、相互作用、相互制约，其中家庭教育是一切教育的基础。在孩子 0~6 岁期间，一日生活皆教育，托幼机构和家庭、老师和家长是最为密切的育儿合作伙伴。

（一）家托共育，共筑成长之基

婴幼儿照护中家托共育的意义在于构建一个全方位、多层次的成长环境。家庭是婴幼儿最早接受教育的场所，家长是第一任教育者。家长的言传身教和他们与婴幼儿的情感交流对婴幼儿的性格塑造、行为习惯的养成具有深远的影响。而托幼机构则可以提供更为专业、系统的早期教育服务，帮助婴幼儿在认知、情感、社交等方面得到更为全面的发展。家托共育模式的出现，将家庭与托幼机构紧密地联系在一起，实现了教育资源的优化整合。通过家庭与托幼机构的协同合作，婴幼儿可以在一个更加和谐的教育环境中成长，因此可以避免因教育理念和方法的差异而产生的负面影响。同时，家托共育也有助于提升家长的教育意识和教育能力，使他们能够更好地理解和支持婴幼儿的成长需求，促进亲子关系的和谐发展。

（二）家托共育，共创智慧未来

婴幼儿照护中家托共育的价值在于为婴幼儿的未来发展奠定坚实的基础。通过家托共育的方式，婴幼儿在成长过程中能够接受到更加全面和科学的教育指导，有助于培养他们的创新思维、实践能力和社会适应能力。这些能力对于婴幼儿未来的学习、工作和生活都具有重要的意义。

此外，家托共育还有助于推动社会教育的进步和发展。随着家托共育模式的普及和推广，越来越多的家庭将能够享受到优质、便捷的婴幼儿照护服务，这不仅能够减轻家庭的育儿压力，还能够提高社会的整体教育水平。同时，家托共育也为托幼机构带来了更多的机遇和挑战，从而推动他们不断创新和完善服务模式，提高服务质量。

（三）家托共育，共筑婴幼儿成长新篇章

一方面，随着社会经济的发展和家庭结构的变化，越来越多的家庭开始需要托育服务来帮助照顾婴幼儿；同时，由于现代育儿观念的转变，许多家庭也希望托幼机构能够提供更加个性化和专业化的服务，以满足他们的需求。另一方面，家托共育也面临着一些挑战和问题：首先，由于家托共育需要家庭和托幼机构共同参与，因此需要双方都能够充分沟通和协作，建立互信的合作关系；其次，托幼机构的专业化程度和服务质量也是影响家托共育效果的重要因素，需要托幼机构不断提高自身的专业水平和服务质量；最后，由于家托共育涉及婴幼儿的抚养和教育问题，因此托幼机构需要严格遵守有关的法律法规和标准，以确保婴幼儿的安全和健康。

总的来说，家托共育是一种有潜力的育儿模式，能够满足现代家庭对育儿服务的需求。但是，若想做好家托共育工作，不但需要家庭和托幼机构共同努力，加强协作和沟通，而且需要政府和社会各界的支持和引导。

二、家托共育工作的内容

托幼机构的服务对象既包括入托婴幼儿的家长，也包括散居婴幼儿的家长，对后者的服务可以体现出托幼机构在育儿方面的专业性和指导性，同时也可以为托幼机构储备客户资源。家托共育工作主要包括四个方面的内容：展示、沟通、参与、指导。

（一）展示

托幼机构兼具教育和服务的属性，展示意味着主动把自己呈现给目标对象，其意义在于能让家长看到托幼机构的专业性和指导性。展示的内容一般有：（1）环境设施与教室配

置，展示的重点是安全温馨、明亮整洁、功能齐备；（2）师资团队的专业与活力，包括老师的资质证书、教研培训与技能竞赛的素材及团建活动的风采；（3）托育理念与保教活动；（4）入托婴幼儿的表现与成长变化；（5）其他运营管理方面的内容，如组织的活动、家长的好评、获得的荣誉等。

（二）沟通

如果展示是单向的，那么沟通就是双向的。沟通既包括老师主动和家长沟通，交换共育意见，也包括家长向老师了解婴幼儿的在托情况和寻求帮助。老师和家长通过沟通交流可以传递信息、交换育儿意见、及时发现问题和解决问题。沟通的途径有面对面沟通和通过电话、短信或微信等进行沟通。沟通的形式可以分为一对一沟通、座谈会或沙龙式沟通等。

（三）参与

参与是指托幼机构邀请家长参与托幼机构运营管理过程中的具体工作，如成立家委会，由家长参与餐食供应、组织活动等与婴幼儿有关工作事项的决策制定与日常监督；此外可以邀请家长直接参与课堂教学及活动，或者间接参与引进教学资源，以丰富托幼机构原有的保教活动内容；还可以邀请家长对托幼机构及其教师进行满意度评价并提出意见和建议，助力提高托幼机构的保教与运营管理质量。

（四）指导

家托共育中的家长指导工作，是指对家长进行科学育儿指导，包括进行家庭教育理论教导、传授育儿方法、分析并解决家庭育儿问题等，以达到提升家长的科学育儿水平与能力的目标。对家长的指导工作，既要求指导家长关注家庭科学育儿的共性问题，又要求能够根据家庭养育环境、家长育儿实际和婴幼儿自身发展特点，进行针对性的分析和连续性跟踪，从而进行有效的协商式指导。对家长进行指导的形式包括专家讲座、评估指导、入户指导等。

总之，家庭和托幼机构是婴幼儿生活、学习的主要场所，是婴幼儿早期发展过程中对其影响最大和最直接的外部环境。研究和实践表明，家托共育工作是一项特殊而重要的工作：称其特殊，是因为家庭与托幼机构、家长和教师各自独立，他们之间的合作共育工作是以婴幼儿为纽带进行的，没有婴幼儿的存在，他们之间的角色无从体现，也谈不上合作共育；称其重要，是因为家托共育能够促进家庭与托幼机构之间的信任与融合，能够推动家长科学育儿水平的提高及托幼机构保教质量的提升。托幼机构在开展家托共育工作的过程中，应该发挥自身与家长的优势，以达到促进婴幼儿健康快乐成长的目标。

三、家托共育的优势和不足

对于托幼机构来说，既需要给予婴幼儿回应性、家托一致性的养育照护，又需要发动家长支持与促进家托共育工作，才能与家庭形成教育合力，助力婴幼儿健康成长。

（一）家托共育的优势

1. 提供全面的照护和教育服务

家托共育能够为婴幼儿提供全面的照护和教育服务，包括养育照护、潜能激发、早期启蒙教育，以及情感关怀等。家托共育有助于提高婴幼儿的身心发展水平和提升其对环境的适应能力。

2. 提高家庭教育的质量

通过与托幼机构的合作，家长可以获得更多的育儿知识和技能，从而提高家庭教育的质量，促进婴幼儿的健康成长。

3. 缓解家庭压力

家托共育可以为家庭提供一定的支持，帮助家庭解决照顾婴幼儿的问题，缓解家庭压力。对于一些双职工家庭或婴幼儿有特殊需要的家庭来说，家托共育能够提供更加合适的婴幼儿照护方案，使家长能够更好地平衡工作和家庭生活。

（二）家托共育的不足

1. 费用较高

家托共育通常需要支付较高的费用，包括托育机构的费用、交通费等。对于一些家庭来说，这些费用可能会构成较大的经济负担。

2. 时间安排受限

家托共育通常需要按照托幼机构的作息时间表来安排婴幼儿的日常生活，这对于一些需要灵活安排时间的家庭来说可能会造成不便。

3. 托幼机构的质量参差不齐

由于家托共育市场存在较多参与者，因此托幼机构的质量参差不齐。家长在选择托幼机构时需要仔细甄别，以确保选择到合适的托幼机构。

综上所述，家托共育结合了家庭与托幼机构的优势，为不同需求的家长提供了解决育儿问题的有效途径。它既保证了婴幼儿能够在专业的指导下成长，又为婴幼儿打造了温馨的成长环境。对于希望平衡工作与婴幼儿照护的家长，家托共育是一个值得考虑的选择。然而，家长在选择时也应权衡费用及教育理念等因素。

总体而言，家托共育为家长提供了多样化的育儿选择，可以满足不同家庭的个性化需求。

第二节　家托共育的典型案例

随着社会经济的发展和家庭结构的变化，越来越多的家庭需要托幼服务来帮助照顾婴幼儿。同时，由于现代育儿观念的转变，许多家庭也希望托幼机构能够提供更加个性化和专业化的服务，以满足他们的育儿需求。

一、上海市长宁区的"家庭成长计划"

上海市长宁区的"家庭成长计划"是一个旨在提高家庭教育质量和促进幼儿健康成长的计划。该项目通过提供专业的育儿咨询和培训，帮助家长更好地应对婴幼儿成长过程中遇到的各种问题，增强家庭教育的功能。项目主要内容包括亲子活动、家长培训、家庭成员互动、形成支持体系 4 个方面。

（一）亲子活动

通过组织各种亲子活动，如亲子运动会、亲子阅读等，加强家长与婴幼儿之间的互动和沟通，提高婴幼儿的情商和社交能力，同时也让家长在愉快的氛围中学习育儿技巧。

（二）家长培训

定期举办家长培训班，邀请专业人士为家长讲解婴幼儿的心理发展、营养饮食、早期教育等方面的知识和技巧。通过培训，家长可以获得科学、实用的育儿方法，提升自己的家庭教育能力。

（三）家庭成员互动

通过开展家庭活动、组织家庭日等方式，增加家庭成员之间的互动和合作，提高家庭凝聚力和幸福感。

（四）形成支持体系

该项目还注重建立互助网络，形成支持体系。通过建立家庭教育俱乐部，让家长们可以分享育儿故事、交流育儿经验，以及共同成长。同时，该项目还整合了优秀的师资和社工力量，因此可以为家长提供更加个性化和专业化的服务。

上海市长宁区的"家庭成长计划"是一个综合性的家托共育项目。该项目通过多种形式的活动和服务，提高了家庭教育的质量，促进了儿童的健康成长。这一计划在上海市长宁区得到了广泛的认可和赞誉，可以为其他地区家托共育工作的开展提供有益的借鉴和参考。

二、上海市普陀区的"宝宝屋"

"宝宝屋"是上海市普陀区教育局联合街道推出的社区幼儿托育服务项目，旨在为社区内 1～3 岁幼儿提供临时托育服务。该项目通过整合社区资源，建立了方便、安全、可靠的托育服务体系，解决了家长在短时间内无法照顾幼儿的问题。

（一）"宝宝屋"的托育服务内容

1. 临时托育

家长可以预约"宝宝屋"的托育服务，由专业的育儿人员照顾幼儿。每个幼儿在"宝宝屋"接受托育的时间一般为半天或一天，具体时间根据家长的需求和幼儿的年龄来安排。

2. 日常照料

除提供临时托育服务外，"宝宝屋"还可以为幼儿提供日间照料服务，包括饮食照料、午间睡眠照料等。这些服务旨在为家长提供方便，使家长能够更加安心地工作或处理其他事务。

3. 亲子活动

为了促进幼儿的身心发展，"宝宝屋"还会组织各种亲子活动，如游戏、阅读、手工制作等。这些活动不仅有助于增强家庭教育的功能，还能够促进幼儿社交能力和创造力的发展。

（二）"宝宝屋"的运营模式

1. 社区运营

"宝宝屋"由街道或社区负责运营管理，通过整合社区资源，为有需求的幼儿家庭提供方便、可靠的托育服务。此外，"宝宝屋"服务质量的监督和评估也由街道或社区负责。

2. 专业育儿人员

"宝宝屋"聘请了经验丰富的专业育儿人员来照顾幼儿，且托育环境安全、温馨，可以确保幼儿在"宝宝屋"中健康成长。

3. 预约制度

"宝宝屋"实行预约制，家长可以提前预约托育服务。预约时，家长需要提供幼儿的有关信息和托育需求，以便"宝宝屋"能够制订合适的托育计划。

4. 费用分担

"宝宝屋"的托育服务费用由政府和家长共同分担。具体收费标准根据当地政策和实际情况而定。

总的来说，"宝宝屋"是一种方便、可靠的社区幼儿托育服务模式，这种模式的推广有助于提高家庭教育的质量和促进幼儿健康成长。

三、成都市武侯区的家托共育

成都市武侯区教育局与各街道办事处紧密合作，推动了"社区幼儿托管中心"的建设。这些托管中心旨在为有需求的1～6岁儿童家庭提供托管服务，有效解决了许多家庭的幼儿照护问题。

（一）收费

"社区幼儿托管中心"提供的托育服务是普惠性的，意味着无论家庭的经济状况如何，都能以相对较低的价格享受优质的托育服务。普惠托育服务政策不仅降低了家庭的经济负担，还确保了服务的可及性。

（二）服务质量

服务质量和安全性是家长们最为关心的问题，而这些"社区幼儿托管中心"也在这方面下足了功夫。它们不仅提供了舒适、安全的环境，还配备了经验丰富的专业育儿人员，能够确保幼儿在托管期间得到良好的照顾和教育。

（三）家托合作

"社区幼儿托管中心"通过定期举办家长会、亲子活动等加强与家长的沟通和合作，让家长能够更深入地了解幼儿在托管中心的生活和学习情况。同时，家长也可以提出自己的意见和建议，帮助托管中心不断完善和提升服务质量。托管中心还依托"智汇云"教育平台，开通了"网上家长学校"，方便家长参加线上学习活动，扩大了教育服务的覆盖面。

此外，武侯区还成立了"指导中心"，依托国内专家的指导开展家庭教育顶层设计、师资建设、课程研究等工作，创新了家庭教育的指导模式。

任务二　家托共育指导方案设计及实施

【情境导入】

小明，男，2.5 岁，在托幼机构中表现出对陌生环境的不适应和社交恐惧，常独自玩耍。针对此问题，托幼机构老师为他营造了温馨的环境，并安排了集体游戏引导他参与。同时，老师鼓励小明大胆表达自己的想法，并及时给予肯定。老师还与小明的家长交换了帮助小明克服社交恐惧的方法。经过努力，小明逐渐克服了社交恐惧，变得自信起来。这一典型案例展示了家托共育在解决婴幼儿具体问题时的协作效果。

【任务学习】

家托共育指导方案设计及实施对于提高婴幼儿教育质量和家长教育水平、加强家长与学校的联系、促进婴幼儿身心健康及全面发展具有重要意义，所以应该积极推进家托共育模式，为婴幼儿的健康成长提供支持。

一、芳芳大动作发展训练的综合指导方案设计及实施

（一）任务情景

芳芳是个 15 月龄的女孩，仍不能扶物站立，与同月龄幼儿相比，芳芳的大动作发展有些滞后。

任务：作为照护者，如何帮助芳芳呢？

（二）任务实施

在这个案例中，15 月龄的芳芳仍不能扶物站立，那么什么月龄的婴幼儿能够扶物站立呢？判断的指标和依据是什么？

1. 寻找依据

相关研究表明，7~9 月龄的婴儿就应该能扶物站立。因此判断芳芳大动作发展滞后 6 个月左右，属于大动作发展迟缓。

为此需要为芳芳的大动作发展训练设计一个综合指导方案。

2. 分析问题出现的原因

在婴幼儿的大动作发展中，扶物站立是重要的里程碑。然而，每个婴幼儿的大动作发展速度和发展时间表都有个体差异，因此对于芳芳的大动作发展迟缓问题需要考虑多种因素。以下是常见的影响因素。

（1）养育方式。保护过度、经常抱着缺少锻炼、缺少户外活动等都会影响大动作发展。

（2）环境因素。周围环境的安全和卫生状况，以及练习大动作的空间大小等，都可能影响大动作的发展。

（3）营养因素。当婴幼儿缺钙时，肌张力低，肌肉对外部动作的抵抗力也会减弱，因此会导致大动作发展迟缓。

（4）家长引导因素。家长的养育观念及家长是否鼓励和引导婴幼儿进行适当的运动都会影响婴幼儿的大动作发展。

（5）病理因素。如果婴幼儿在出生时患过因窒息导致的缺氧缺血性脑病，也会影响大动作的发展。

（6）个体差异因素。婴幼儿的动作发展存在较大的个体差异，如早产婴幼儿与足月婴幼儿相比，前者的大动作发展较为缓慢。所以在评估婴幼儿的大动作发展水平时，应该综合考虑身高、体质量等因素。

（7）其他因素。婴幼儿的心理因素也会影响其大动作发展；此外，遗传因素也会起到一定的作用。

芳芳的大动作发展滞后是一个值得关注和分析的问题，需要在综合考虑养育方式、环境因素、营养因素等的基础上，对芳芳进行早期治疗和干预，同时也建议芳芳的家长带芳芳到专科医院寻求专业的医疗帮助。

3. 家托共育活动的方案设计及实施

芳芳大动作发展训练家托共育活动方案设计及实施的内容见表 5-2-1。

表 5-2-1　芳芳大动作发展训练家托共育活动方案设计及实施的内容

步骤	项目	内容
评估	照护者	着装整齐，适宜组织活动；普通话标准
	环境	芳芳家客厅
	物品	软质小斜坡、软质箱体、地垫、长颈鹿毛绒玩具
	幼儿	经评估，芳芳精神状态良好、情绪稳定，适合开展活动
计划	活动目标	一、家长学习目标 （1）了解大动作发展规律，正确认识大动作发展的重要性。 （2）能根据观察要点了解芳芳的大动作发展情况，并能通过与芳芳坑游戏的方式促进芳芳的大动作发展。 （3）调整心态，避免焦虑，改善养育方式，注重营养，增强与芳芳的互动。 二、芳芳发展目标 喜欢参加游戏活动；通过游戏逐步提升爬的能力，尝试扶物站立
实施	活动实施	一、热身活动 （1）双手握住芳芳小腿，让其屈膝屈髋，伸长；另一侧交替进行。 （2）与芳芳互动，使其感觉愉悦。 二、综合游戏 游戏一：手膝爬 （1）老师先做示范。 （2）在芳芳爬行或坐立的周围摆放不同玩具，或者芳芳感兴趣的物品。 （3）鼓励芳芳用上肢支撑身体从坐立转为爬行。

步骤	项目	内容
实施	活动实施	游戏二：斜坡爬 （1）增加爬行难度，让芳芳靠自己的力量往斜坡上爬。 （2）在芳芳前方放置其喜欢的玩具或食物逗引其往斜坡上爬，并不断给予表扬和鼓励。 游戏三：阶梯爬 利用软质箱体搭建阶梯，增加芳芳爬的难度和趣味性。 三、提升游戏 （1）老师先做示范。 （2）让芳芳双手扶着沙发，尝试站立。 （3）家长在身后保护芳芳的安全。 （4）过程中与芳芳互动。 （5）过程中观察芳芳的状态和情绪，一旦芳芳拒绝尝试站立，立即停止游戏。 四、放松运动 （1）老师先做示范。 （2）让芳芳躺在地垫上，呈仰卧位。 （3）从上到下搓、揉、捏芳芳的腿部，帮助其放松。 注意事项： （1）在游戏过程中，家长应该做好引导，观察芳芳做被动操、爬、站等的实际情况，循序渐进地增加游戏难度。 （2）在游戏过程中家长应该时刻观察芳芳，防止出现意外伤害。 （3）芳芳每完成1次游戏，家长都应及时给予鼓励，以使其心情愉悦并增强其自信心
家托共育指导	家长指导	（1）改变养育方式。平时勿包办代替，应鼓励芳芳多运动，尤其应多让芳芳做爬行运动，因为爬行能提升芳芳核心肌肉群的力量，有助于身体协调性和平衡能力的发展。 （2）做好日常清洁。保持家庭环境的干净和整洁。 （3）撤走危险物品。给家具装上防撞条，撤走茶几，铺上爬行垫等。 （4）在卫生和安全的基础上，创设探索区，让芳芳有更多爬行的机会。 （5）注重高质量的亲子陪伴，给予芳芳足够的关注和鼓励，尽量多带芳芳到户外活动。 （6）多给芳芳补充维生素D和吃含钙量高的食物，如虾、牛肉和芝麻等。 （7）定期带芳芳到妇幼保健院进行健康检查
	活动延伸	（1）在日常生活中家长可以把不同材质的物品铺在地上让芳芳爬，如毛毯、毛毡、塑料布等，既可以训练她的触觉，又可以增加爬行的趣味性。 （2）家长可以利用沙发、枕头等增加爬行的难度，让芳芳越过障碍物，锻炼她的左右胯部力量和上肢力量，在此过程中可以通过播放音乐或拿玩具吸引芳芳。 （3）家长还可以在沙发和椅子上放置芳芳喜欢的玩具，吸引其练习扶着沙发和椅子站立，使其下肢力量得到进一步的增强。 （4）均衡营养，带芳芳多到户外晒太阳、做活动，每日户外活动时间不少于2小时
	家长意见反馈	通过多种形式的访谈，记录家长的意见反馈

二、西西口欲期训练的综合指导方案设计及实施

（一）任务情景

10月龄的男孩西西近期不断出现啃咬玩具和流口水的现象，家长试图阻止，但是效果不佳。

任务：作为照护者，如何帮助西西呢？

（二）任务实施

1．寻找依据

10月龄的婴儿啃咬玩具和流口水是正常现象，该月龄段婴儿正处于口欲期，具体表现就是啃咬玩具。

口欲期是婴幼儿心理成长的重要里程碑，对婴幼儿的身体、心理、性格特征和行为会产生深远的影响。西西不断啃咬玩具有助于他与周围物品互动，满足他的好奇心和探索欲望，以及提升他的手眼协调能力，同时还有助于他的乳牙的萌出。

　　如果这段时间家长用粗鲁或简单的方式制止西西啃咬玩具或其他物品，导致他在口欲期得不到充分满足，后期西西就有可能会形成攻击型人格，如习惯性咬人、咬物品，喜欢口头攻击他人等。过度的阻止会导致西西缺乏安全感，从而变得更加依赖或极端。长大后可能会出现过度补偿，如存在咬手、咬手指甲、啃脚指甲等现象；此外，还可能出现贪吃、饶舌、唠叨等问题。

　　综上所述，需要采用科学的方法来帮助西西更好地度过口欲期。

　　2. 原因分析

　　（1）认知发展需要。在婴儿的早期阶段，口腔是其最敏感的部位之一。婴儿通过口腔与事物建立联系，发展对事物的认知，如把小球放入口腔中，可以感受到小球是圆的、滑的、软的，从而建立了对球的认知。

　　（2）满足探索欲望。婴儿对周围的事物充满好奇心，通过将物品放入口腔中，可以感受到不同的质地、形状和味道，从而更好地了解世界。

　　（3）10月龄段婴儿主要通过口腔与周围事物建立联系，还不知道用手和脚等身体的其他部位与周围事物产生互动。

　　（4）牙齿生长需要。10月龄段婴儿的牙齿正在生长，牙龈可能会感觉很痒，通过啃咬可以缓解牙床的不适，帮助新牙萌出。

　　（5）缺乏安全感。婴儿在缺乏安全感时会哭闹、啃咬物品，因此应该给予婴儿更多的高质量陪伴。

　　3. 家托共育活动的方案设计及实施

　　西西口欲期训练的家托共育活动方案设计及实施的内容见表5-2-2。

表 5-2-2　西西口欲期训练的家托共育活动方案设计及实施的内容

步骤	项目	内容
评估	照护者	着装整齐，适宜组织活动；普通话标准
	环境	（1）在西西家客厅铺上地垫，创设安全、安静、卫生的环境； （2）创设适宜游戏的环境
	物品	咬胶或磨牙棒、小皮球、布书、大浴巾、地垫
	婴儿	经评估，婴儿精神状态良好、情绪稳定，适合开展活动
计划	活动目标	一、家长学习目标 （1）正确认识口欲期。 （2）掌握帮助西西度过口欲期的方法，能进行科学养护。 （3）调整心态，避免焦虑，尊重西西口欲期的需求。 二、西西发展目标 （1）口欲期得到充分满足； （2）通过玩亲子游戏，促进感官发展，为顺利度过口欲期打下基础
实施	活动实施	一、案例讲述 帮助家长正确认识口欲期。 二、游戏指导 帮助家长掌握科学度过口欲期的方法。 三、游戏环节 （一）游戏Ⅰ （1）老师出示布书《动物的尾巴》。 （2）引导西西认识动物，用视觉、听觉、触觉与布书互动，促进西西感官的发展。 （二）游戏Ⅱ （1）家长帮助西西躺在大浴巾的正中间。 （2）引导家长用双手让大浴巾起飞，然后左右晃动，同时哼唱歌谣以增加游戏的趣味性

步骤	项目	内容
家托共育指导	家长指导	一、卫生方面 （1）做好日常清洁，如时刻注意西西的手部卫生，以及保持家庭环境的干净和整洁。 （2）确保西西拿到的物品都是安全的，此外家长应该学会海姆立克急救法。 （3）在卫生和安全的基础上，尽可能满足西西的需求：提供安抚用品，如咬胶或磨牙棒，以锻炼西西的咀嚼力，促进西西的味觉发育，满足口欲感；给予关爱，不过多干涉也不强行制止，让西西做一些自己感兴趣的事，允许其用口腔探索世界，帮助西西顺利度过口欲期。 （4）转移西西的注意力，给予西西高质量陪伴，如陪西西做游戏、阅读、户外玩耍等。 二、饮食方面 （1）准备一些便于用手抓的食物，锻炼咀嚼力，后期西西发音会更清晰。 （2）准备一些蛋白质丰富的食物，如肉泥、鸡蛋、去刺鱼肉等
	活动延伸	（1）在日常照护过程中，不可忽视西西的大动作发展训练，可以通过增大探索空间和设置障碍物等，让西西爬上爬下，提高西西的爬行能力。 （2）可以利用生活中常见的物品陪西西进行一物多玩，如可以用小皮球玩滚动、转圈、弹跳等游戏。 （3）多带西西到户外活动，提高西西对自然的认知能力
家长意见反馈		通过多种形式的访谈，记录家长的意见反馈

三、可可的科学养育综合指导方案设计及实施

（一）任务情景

男孩可可，24月龄，表现为爱独处，不愿与其他小朋友交流，对找他玩的小朋友有意躲避，对他人的呼唤没有反应，家长十分担忧。

任务：作为照护者，针对可可的情况进行入户指导。

（二）任务实施

1. 依据

根据《3岁以下婴幼儿健康养育照护指南（试行）》可知，19～24月龄幼儿的情感与社会心理发育表现为自我意识逐渐增强，交际性也增强，开始喜欢与其他小朋友共同参与游戏活动，能按指令完成简单的任务，游戏时喜欢模仿成人动作等。但是可可的上述表现不符合同年龄段幼儿的生长发育规律，同时根据"0～6岁儿童心理行为发育问题预警征象筛查表"发现可可呈阳性征象，提示可可有发育偏异的可能。

2. 原因分析

（1）语言能力。可可倾听和理解语言的能力落后，无法使用词语或短句表达自己的需求和执行简单的语言指令，不能使用语言进行交流。

（2）社交环境。缺乏自我认知，无法建立自我意识；同时不会识别他人的想法和情绪，导致社交能力发展滞后。

可可的语言沟通能力和社交能力发展滞后是值得关注和分析的问题，需要综合考虑多种因素来制定养育照护方案。建议照护者时刻关注可可的心理发育问题，及时进行进一步的评估和早期干预。

3. 家托共育活动的方案设计及实施

可可科学养育的家托共育活动方案设计及实施的内容见表5-2-3。

表 5-2-3　可可科学养育的家托共育活动方案设计及实施的内容

步骤	项目	内容
评估	照护者	着装整齐，适宜组织活动；普通话标准
	环境	（1）在可可家客厅铺上地垫，创设安全、安静、卫生的环境。 （2）创设适宜游戏的环境
	物品	动物玩偶、小推车
	幼儿	经评估，幼儿精神状态良好、情绪稳定，适合开展活动
计划	活动目标	一、家长学习目标 （1）了解正常发育的24月龄幼儿的语言沟通能力和社交能力。 （2）创设语言环境，提供正确的语言示范，鼓励可可表达需求，引导可可使用语言进行交流；在游戏中创设社交环境，引导可可认识自我，强化自我意识，提升社交能力。 （3）与可可建立信任和稳定的情感连接，使其有安全感。 二、可可发展目标 （1）学会倾听和学会理解语言，同时学会使用肢体和语音表达需求，提升与他人的交流能力。 （2）通过认识自己的身体，建立自我意识，促进进行社会交往的适应性和提升交往能力。 （3）理解并遵守简单的游戏规则
实施	活动实施	一、游戏Ⅰ——拍手打招呼 首先主班与配班拍手，示范操作；然后主班与可可拍手，引导可可模仿。 二、游戏Ⅱ——认识自己的身体 可可，这是我的手（说着把手举起来），请妈妈帮助可可把手伸出来，老师跟可可击掌；可可，这是我的嘴巴（说着嘴巴发出声音），妈妈可以引导可可用嘴巴发出声音；可可，这是我的脚（做踏地板的动作），妈妈可以引导可可做这个动作。这样进行几次后，可以引入儿歌《我的身体会响》。 三、游戏Ⅲ——送小动物回家 将小推车当作小汽车，装上动物玩偶玩送小动物回家游戏。 "可可，游戏开始了，我们先送谁回家呢？小老虎要回家了，可可，小老虎上车了，嘀嘀嘀，小老虎到家了。可可，我们接着送谁回家呢？大象要回家，可可，大象上车了，嘀嘀嘀，大象到家了。可可，我们最后送谁回家呢？小狮子要回家，可可，小狮子上车了，嘀嘀嘀，小狮子到家了。"
家托共育指导	家长指导	（1）语言。尽早使用语言与可可交流，可以从简单的语音开始，逐步发展到单词、短语，再到完整的语句。提供符合可可认知能力的图画书，培养可可的早期阅读习惯。 （2）社会交往。通过陪可可玩游戏，引导可可参与到游戏中，鼓励可可表达自己的需求。同时可以通过抚摸、拥抱可可等方式与可可进行亲子交流。主动营造快乐的氛围，关注可可的好奇心，通过陪伴、互动、示范等方式引导可可尝试不同的活动。 （3）饮食营养。每日添加的辅食种类应不少于4种，并且至少应包括1种动物性食物、1种蔬菜、1种谷薯类食物，如海鲜粥、清炒西蓝花、杂粮饭等。在进食过程中应鼓励和协助可可自主进食，关注可可用语言、肢体动作等发出的进食信号。 （4）家庭环境卫生。家庭环境不仅应干净，还应整齐有序。干净和整齐有序的环境有助于培养可可的认知灵活度。 （5）建议时刻关注可可的心理发育问题，及时进行进一步的评估和早期干预
	活动延伸	针对本次活动，家长可以做以下几项延伸活动。 （1）引导可可在出门去幼儿园前或晨检时与家长、老师或其他小朋友打招呼。 （2）在日常生活中，可以与可可玩"红绿灯""请你跟我这样做"等游戏。 （3）鼓励可可在生活中多多描述周围事物，如可可从托育园回家时，家长可以让其分享一日的生活。 （4）多带可可去社区、公园、游乐园等场所游览和玩耍，以获得丰富的体验。 （5）多为可可讲故事、读图画书、唱儿歌，让其多听多说，为其提供丰富的语言环境，营造良好的语言氛围
家长意见反馈		通过多种形式的访谈，记录家长的意见反馈

四、东东前庭觉失调训练的综合指导方案设计及实施

（一）任务情景

男孩东东，3岁，在托育园与同伴交往及随家人出门游玩坐车时，会出现胆小、晕车、不敢接触新事物、平衡感不佳等问题。

任务：我们应该如何帮助东东呢？

（二）任务实施

1. 理论依据

感统的全称是感觉统合，是指机体在环境内有效利用自己的感觉器官，通过视觉、听觉、嗅觉、味觉、触觉、前庭觉和本体觉等从环境中获取信息，再由大脑进行加工处理，并做出适应性反应的能力。简单来说，感觉统合是大脑和身体相互协调的学习过程。

2. 原因分析

（1）平衡问题。表现为不敏感或过于敏感，如不敏感的人绕圈久跑不晕，而过于敏感的人则晕车、晕船、晕机、晕秋千、晕电梯等。

（2）姿势维持问题。姿势持续维持能力较差，小动作多，表现为站无站相，坐无坐相，笨手笨脚，容易跌倒，经常碰撞物体而致皮肤经常有淤青。

（3）动作协调问题。主要表现为好动、身体双侧动作难以协调、无法听口令做动作等。

（4）性格问题。主要表现为浮躁、喜欢搞恶作剧、惹是生非、自卑、懒散、情绪不稳定、不喜欢与人交往、挑三拣四、不愿意分享等。

（5）感觉问题。一种是视觉异常，如看字错行，偏旁左右写反，无法判断速度、距离、方向等；另一种是触觉问题，如感觉迟钝、动作不协调、步态异常等。

（6）学习问题。在神态上主要表现为注意力不集中、精神状态差；在体态上主要表现为颈部无力，上课或做作业时经常垂头。总之，对学习不感兴趣。

（7）语言问题。主要表现为语言沟通能力发展滞后，无法形成语感，经常自言自语或重复他人的话。

3. 家托共育活动的方案设计及实施

东东前庭觉失调训练家托共育活动方案设计及实施的内容见表 5-2-4。

表 5-2-4　东东前庭觉失调训练家托共育活动方案设计及实施的内容

步骤	项目	内容
评估	照护者	着装整齐，适宜组织活动；普通话标准
	环境	（1）在东东家客厅铺上地垫，创设安全、安静、卫生的环境。 （2）创设适宜游戏的环境
	幼儿	经评估，幼儿精神状态良好、情绪稳定，适合开展活动
计划	活动目标	一、家长学习目标 （1）正确认识前庭觉对东东的重要性。 （2）能根据观察要点了解东东的发展状况，并能通过与东东玩游戏促进其前庭觉的发展； （3）调整心态，避免焦虑，改善养育方式，注重营养，增强与东东的互动。 二、东东发展目标 （1）喜欢参加游戏活动。 （2）喜欢与其他小朋友一起玩
实施	活动实施	一、热身活动 在做一些静态的专注力训练前，可以先给东东做 10 分钟的前庭激活训练，改善效果会特别明显。接下来介绍几个最基本的前庭激活训练方法。 二、游戏环节 （一）游戏Ⅰ——后部腹抱旋转法 家长从后面抱住东东的腹部，原地旋转，左右旋转圈数均等。如果东东前庭敏感，可以先转 3～5 圈，然后逐渐增多；如果东东前庭迟钝，可以适当增加旋转圈数，以东东能接受的程度为准，但是每个方向最多不超过 20 圈

步骤	项目	内容
实施	活动实施	（二）游戏Ⅱ——腰部飞机旋转法 家长双手从东东腋下穿过，托住东东的胸部，同时让其用双腿夹住家长的腰部，如同小飞机一样左右旋转，旋转圈数的要求同上。 （三）游戏Ⅲ——倒挂金钩的旋转法 将东东的头朝下，小腿向后弯折，然后挂在家长的肩膀上。家长应该用双肩环抱住东东的身体，左右旋转，旋转圈数的要求同上。注意旋转速度不能太快，也不能太慢，每个方向最多不超过20圈
家托共育指导	家长指导	（1）户外儿童活动场所的秋千也可以用来进行前庭激活训练，家长可选用。 （2）家长在家里用大浴巾托住东东做摇摆游戏，同样可以刺激东东的前庭觉发展。 （3）平时带东东在户外活动时，也可以让东东尝试走公园里弯曲的石头路、马路沿或花坛边等。 （4）在营养方面，建议平时多给东东补充一些高蛋白质食物，如鱼肉、牛肉和乳制品等。 （5）给东东创设轻松愉快的家庭氛围，在生活中耐心引导，多鼓励其探索、接触新事物，并及时回应
	活动延伸	（1）循序渐进，训练难度的推进需要建立在东东对上一个训练活动充分适应的基础上。 （2）在训练过程中应时刻观察东东的状态：若东东排斥，则鼓励但不强求；若在训练过程中发现东东状态不好，则应立即停止游戏，并继续观察东东的状态
家长意见反馈		通过多种形式的访谈，记录家长的意见反馈

【实训卡片】

小明是一个2岁的男孩，最近表现出明显的叛逆行为，如哭闹、不听话、打人等。家长希望通过家托共育帮助小明改善行为问题，促进其健康成长。

实训任务：请根据所学的知识为案例中的家庭设计一个家托共育指导方案，具体内容见表5-2-5。

表5-2-5　家托共育指导方案

步骤	项目	内容
评估	照护者	着装整齐，适宜组织活动；普通话标准
	环境	
	物品	
	幼儿	经评估，幼儿精神状态良好、情绪稳定，适合开展活动
计划	活动目标	一、家长学习目标 二、幼儿发展目标
家托共育指导	家长指导	
	活动延伸	
家长意见反馈		通过多种形式的访谈，记录家长的意见反馈

【跟踪练习】

1. 家托共育的主要目的是什么？

A. 提高婴幼儿的教育质量　　　　B. 加强家长与学校的联系

C. 促进婴幼儿的身心健康　　　　D. 提高家长的教育水平

2. 在家托共育中，以下哪项不是重要的组成部分？

A. 家庭与托幼机构的合作   B. 婴幼儿的日常生活管理

C. 婴幼儿的社交能力培养   D. 婴幼儿的智力发展

3. 在家托共育中，家长的角色是什么?

A. 参与者和管理者   B. 观察者和记录者

C. 决策者和策划者   D. 执行者和实践者

4. 在家托共育中，托幼机构的主要职责是什么?

A. 提供安全卫生的环境   B. 培养婴幼儿的社交能力

C. 为婴幼儿制订个性化教育计划   D. 提高家长的教育水平

5. 在家托共育指导方案实施的过程中，以下哪项不是应该注意的问题?

A. 婴幼儿的安全问题   B. 婴幼儿的心理健康问题

C. 家长的参与度问题   D. 婴幼儿的饮食问题

答案：A，B，A，C，D。

【项目小结】

婴幼儿家托共育指导项目梳理了家庭与托幼机构在婴幼儿早期教育中的协作模式，强调了家庭与托幼机构的互补作用。案例分析与实践指导可以帮助学生树立正确的家托共育理念和掌握正确的家托共育方法，从而为未来的早期教育工作奠定基础。